酒與酒之間

Reading Between the Wines

Terry Theise
泰瑞・泰斯——著
李雅玲——譯

積木文化

獻給
Karen Odessa 和 Max

目錄

英文平裝版新序

本書兩年多前就完成了。其內容仍有未盡之處的確是特別設計的，因為未盡之事正是樂趣所在。

葡萄酒有一種奇特的高雅溫柔力量，讓我們摸索著能夠用來描述它的語言，對於這件事，我有一種持續但逐漸消失的疑慮（或者我是這麼以為）。我剛讀完史丹利・費許（Stanley Fish）[1]的《如何撰寫句子》（*How to Write a Sentence*），這本書對我的幫助很大，在不斷反覆思考語言透明度這方面，費許寫道：「一種精雕細琢的風格，潤飾並刪減到透明。似乎僅點到即止，不譁眾取寵。它渴望自我逐步消失，而主體透過自身發光。」

我一直很欽佩這種寫作效果，例如本哈德・施林克（Bernhard Schlink）[2]在《讀者》（*The

1 美國文學理論家、法律學者、作家和公共知識份子。

2 德國法學家、小說作家、法官。

Reader）中精巧明斷的散文，或者如羅伯特・哈斯（Robert Hass）[3]最近期的詩，文字是如此簡潔，使我們不禁開始質疑詩是什麼？或者詩應該如何？而且我發現——或想像自己發現——某些葡萄酒也有相同的效果，例如赫曼・杜荷夫（Helmut Dönnhoff）的酒，或者 Nikolaihof 酒莊薩斯（Saahs）家族的酒。我對這些酒款無以名狀，所以我亂槍打鳥，如今，我有了一個精確的詞彙：「**精雕細琢**」，這個詞將我腦中所有其他形容詞一併掃除。

儘管如此，即使在我獲得了如此有用的新詞彙之後，老問題仍然存在，這些外表如此端莊的葡萄酒為何能如此打動人心？我被這個謎團籠罩，本質是什麼？是誰或什麼存在於此？此處如貌似般平靜嗎？為什麼這些葡萄酒會如此強烈地影響我？它們究竟何以存在？

本書目的不是探討如何回答這類問題，而是探討如何架構這些問題，當我們建構出一個問題但不知道如何回答時，會發生什麼事？就像屏住小小的一口氣，日常生活節奏的小小停頓。不過，這樣的停頓並不糟。

某次在德國摩塞爾（Mosel），那時已經一連下了好幾天雨，人們說這種天氣適合工作，

3 美國詩人，一九九五至一九九七年間擔任美國桂冠詩人，其作品《時間與材料：一九九七至二〇〇五年的詩歌》榮獲二〇〇八年普立茲獎。

只是很沉悶，每天早晨我都會凝視著依然混沌的天空，希望附近有跑步機。

但後來某天雨就停了，甚至還出現一縷陽光，所以我宣布自己要步行七公里，穿過策爾廷根（Zeltingen）到格拉赫（Graach）的葡萄園，並儘量依時程拜訪威利·克里斯多夫·薛佛（Willi Christoph Schaefer）。

在過去幾年間，一道將快樂的步行者從一個村莊直接送到另一個村莊的路徑系統慢慢成形，曾經不得不在日晷園（Wehlener Sonnenuhr）裡爬行的人們，現在肯定能像一位文明的紳士，慢步其間（也許各位是文明的紳士，但我不是，我像頭驢子一樣瘋狂流汗，不過樂在其中）。這是一條山坡中段的小路，在河的上方，可以向下眺望瘋狂的陡峭山坡，一直走到鳥兒啁啾的樹林。走了一會兒，我感受到美妙的迷失感——腦中一片空白，思緒慢慢消散，林間時不時照射入一道微弱的陽光，空氣聞起來像濕濕的石板。

所以我就這麼走著，幻想著，夢見了這本書。這本書完成了，在做最後校對，並將於今年稍晚出版。這一輩子都夢想著的事一旦完成，除了焦慮之外，卻什麼感覺都沒有。我敞開心房毫無保留，害怕自己看起來很愚蠢，儘管如此，我還是望著這座壯闊的山谷，在其珍珠般的光芒下洗淨自身的思緒，希望我衷心熱愛葡萄酒的小小誓言能問世，然後找到一個可以蜷曲安身的角落。

如此做著夢，使我錯過了那條小路，但也因此得到賜福。當我最後向下走到格拉赫時，轉角處有一間**小旅店**，我曾在那裡因為吃炸肉排而燙傷了嘴，還有昆斯曼斯（Kunsmanns）家的房子，他們經營一家住宿附早餐的旅館，我曾睡在屋簷下的閣樓，早晨因為一隻不慌不忙爬行的大蜘蛛而醒來。牠後頭還跟了五隻小蜘蛛，蜘蛛排成一列，沿著巨大的木樑朝向天花板中央爬去。

那是三十年前的事了。我很開心地發現這兒幾乎什麼都沒變。我繞過彎，薛佛家的房子出現了。

對這家人來說，這是重要的一年，父母——現在成了祖父母——正將房子移交給下一代。「我們用不到這麼大的空間了，」威利說，「而且如果克里斯多夫要繼續生更多孫子的話」——說到這裡，克里斯多夫臉紅了起來——「他們會需要玩耍的空間。」薛佛家的**老人**將會搬到山頂的一間小房子裡——「但是我每天都會下去酒莊」——我很高興地想到他們吃著早餐，並看著山谷的景色。一切聽起來都是實際考量，但當然不只是如此。某些法國人可能會稱之為**文化遺產**（patrimoine）的東西已經傳承下去了。**你成功了；現在，這些都是你的了**。

一小時後，我看著一張詢問得來的地圖，是山坡的衛星圖，薛佛夫婦在圖上面向我展示他所擁有的各個地塊。他們在鐘塔園（Domprobst）擁有大約十六塊土地，另在天堂園（Himmelreich）擁有幾十塊土地，那裡尚未經過整個歐盟範圍內的土地整合。我在想當土地分散成三十或四十個零散錯落的郵戳大小地塊，並試著在這場惡夢中耕作時，有機純粹主義者目睹時會不會因此語塞。但我更想知道的是，薛佛裝在瓶裡的許多酒都是特定地塊的葡萄酒，這些同名的多元葡萄酒是多麼令人困擾；德國人怎麼就是這麼令人難以忍受地精確。

他們真的是我們應該好好保存的瀕臨滅絕物種：看呀！仍有一些人，他們願意向你展示他們與土地的**親密關係**，以及成品細微差異的種種美妙細節。

所以我們品酒，然後吃了晚餐，我們從威利的地下酒窖拿出了一些老酒，但沒有放肆地喝。我們笑得很傻氣，我們聚在一起時經常這樣笑著，然而房子裡仍有一種並非以歡樂表現的幸福感。不過一切沒有影響。你知道的，你會試圖睜大眼睛說服自己，即使在看來幸福的生活中，也有陰影和**死神**。你不想太感情用事，但你和他們一家子父母和孩子們一起坐在屋裡，看著新生寶寶的照片時，你會看見每個人都在發光，因為——我的意思是，為什麼不發光呢？然後，你會意識到自我，那個悲慘又充滿懷疑的自我，想著，「人生本就該如此，有時確實就是如此。」而一種遲鈍的慾望會油然而生，**過得簡單點吧，快樂沒有那麼難**。

有這樣的家庭正是我為什麼相信**風土**的原因，這既不是教條也不是信念，只是一個簡單的事實。葡萄酒本身使我相信此一信念，這不僅是理性的經驗問題，也是善良的問題。我因此也開始思考兩種釀酒人和飲酒者之間的想法分歧：那些認為葡萄酒是「釀造出來的」，和那些認為葡萄酒是**長出來的**，各是兩種根本上互斥的葡萄酒和生活哲學。當葡萄酒農從他的日常經驗中相信土地**與生俱來**的風味，便會努力試著保存這一點，這表示他不會採取任何抑制、遮掩或改變的舉動。他不會在原料寫下種種迷人的工作流程，他尊重原料，只是釋放它，接受這個原生的存在，彷彿一巴掌拍在它的屁股上，讓它自行演出。

另一方面，一位具有先驗願景的「釀酒師」會想要「雕琢」葡萄酒，那麼原料將是一種必須克服的挑戰，它幾乎是一種不便。釀酒師將學著成為系統和程序方面的專家，就像開飛機一般地釀造葡萄酒。成為一名優秀的飛行員並沒有錯，但是由風土驅動的釀造者，則彷彿是騎在鳥背上。

這是我們很少瞭解到的謙虛，我們敬拜自大的聖壇，而不敬拜一個人在不自貶的前提下掩藏鋒芒。有時，葡萄酒會具有相似的美德，而我們也曲解了這些美德。這是因為我們渴望葡萄酒為我們演出，但有些葡萄酒滿足於當個配角，讓食物發揮特長。某天晚上，我想要試試用一罐黑松露醬搭配其他食材，我想到了丹尼爾．巴魯（Daniel Boulud）[4]臭名昭著的黑松露肥肝漢堡，想著**我也可以來墮落一下**，所以我和太太拿出一些小牛肉絞肉，以松露當材料做了一些銷魂的小肉餅，為了修飾這個白璧無瑕之物，我們在每塊肉餅中間塞了一小塊達塔尼昂（D'artagnan）黑松露奶油，奶油會在煎漢堡時融化。噢，是的，寶貝，這肉餅嘗起來和聽起來一樣美味——但是，要配什麼酒？

我們看到了一瓶奧地利 Erich Sattler 酒莊的「基本款」聖羅蘭（St. Laurent）品種紅酒。當然，我們可能也會很想搭配穩重的 Chorey-les-Beaune 酒款（假設想付出三倍的價格），但儘管選擇升級到了 Reserve 等級的酒款，卻會有太多**果香**，可能也會有橡木桶味。這些邪惡的小漢堡並不需要這些魔力，它們擁有自己的魔力。我們的葡萄酒完美無縫地搭配，就好像葡萄酒自身也嘗得到松露漢堡一樣。

所有人都瘋狂地忙著伸手向主角；我們真該為這支酒喝采。如果在我微不足道的葡萄酒生涯能夠捍衛任何價值，那就是堅持學習如何珍惜謙虛又安靜的葡萄酒，這幫助我們理解謙卑

4 法國廚師兼餐廳經營者。

的美麗。也可以幫自己省錢（噓！）

我曾幻想過某個地方有座舞臺，舞臺上的國際葡萄酒巨星正獲頒一座浮誇的獎杯——我想到了Guigal酒莊，因為他們三百美元以上的葡萄酒平均獲得九八·三「分」。另一邊是一般的大型品酒會，人們正在收拾東西，有個男人因為一支讓他滿心歡喜的十二美元隆河丘（Côtes-du-Rhône）紅酒而走近一位隆河葡萄酒農，他對酒農說：「謝謝你的葡萄酒為我帶來快樂。」

我想置身何處？而我又想成為什麼樣的人？答案無庸置疑。

喧鬧的事物無情地將我們導引至愈來愈粗魯和官能上的不連貫。喧鬧的葡萄酒有時很有趣，但就像大多數粗魯的樂趣一樣，很容易被濫用，對我們很有害處。我在我的銷售酒單會印上一句小小宣言，而最近更刻意用隱晦的方式做了更新：**許多葡萄酒，甚至是上乘葡萄酒，都讓你品嘗到喧鬧，但只有最優質的葡萄酒，才能讓你品嘗到寂靜**。很少有人對我這個想法發表評論，我懷疑他們只是想保持禮貌，因為他們覺得這個說法很愚蠢。誰知道，或許是吧，但是我知道自己在說什麼。

首先我們必須瞭解：寂靜不僅是不喧鬧，而是永恆的存在。

能提供這種永恆感的葡萄酒，是一種與天使一同分享的葡萄酒。不過，我知道這是一個宛如出世的宣言，而且還用了另一個概念進一步延伸。讓我試著為各位具體說明，當我寫出「品嘗寂靜」時，是希望各位體會到什麼呢？是因為我沉迷於寫詩的情趣？還是真能體會到什麼？

各位想想葡萄酒迎接你的方式，某些品酒師會將其稱為「攻擊」，即葡萄酒現身的第一瞬間，那個瞬間可能是武斷、輕率、厚實的，也可能是端莊、流動、害羞的，但是每開一瓶新的酒總有那麼一刻，我知道自己滿懷期待，彷彿叩問著：「這會是何人？」這就像在對一個人毫無所知的情況下認識他；你本能地、化學地做出反應，那一刻，我們身上有什麼**蠢蠢欲動的東西**？我們的感官嗡嗡作響，我們饒富興味地燃燒。

有些葡萄酒會宣揚自身。它們真的很逼人，它們會跟你握手寒暄，反覆表演、說著妙語把戲與笑話，這種酒希望你喜歡它們，忙著取悅你，但有時你會憂心猜疑著這些酒並不專一；這些酒人盡可夫——這種酒需要被喜愛和認可。這是它們的表演，遇到這樣的人經常很有趣，有時，在這樣自吹自擂的表象底下甚至存在一位真誠而實在的人。

用葡萄酒的術語來說，就叫做「品嘗喧鬧」。

但是，某些時候你會遇見看起來奇異沉著且平靜的人，她似乎並不在乎自己為你留下什麼印象，因為她並不意欲向你展現什麼，但她經常把迷人的喜色投向你身上，好像你是一場驚人的樂事。你花了幾分鐘與這位有吸引力的新朋友交談，離開時感到激動高興，好似自己被一種熱情滿意的方式看待，然而**她**仍然是一片空白，她不談論自己，她似乎很正經端莊。

你對這樣的人感到非常好奇，她沉著的根源是什麼？她為何能看起來如此篤定又如此穩定？她是如此優雅，毫不費力地展現這份優雅！情感澎湃之人常在感覺到聚光燈照到自身時，覺得自己必須立刻有所反應，但這位女士的光芒似乎是從內而外照亮的。

用葡萄酒的術語來說就叫做「品嘗寂靜」。這種內向的葡萄酒似乎勾勒出了幾片純粹的帷幕，忽然間整個世界都煙消雲散了，它們消除了成見，它們傳達了平靜，它們體現出一種鎮定自若，它們傳送了白日夢，而且毫不費力。它們用一種深刻又難以忘懷的方式，將寧靜的羞怯與奇異神秘的美麗結合，這樣的葡萄酒**充滿**風味，通常是我們已知最徹底又最複雜的葡萄酒，但是它們在潛意識中抓住你，某種外殼開始溶解，直抵自身核心那個人跡罕見之處。這支葡萄酒似乎認識你，就像一位無名的天使。

這樣的葡萄酒從不喧鬧，它們不知道該如何喧鬧，它們不會獎勵膚淺的關注，但是愈深入所獲越高，因為這不僅僅只是優質葡萄酒，還是人生的美好時刻。它們說著某些從未見聞與懷疑存在的事情是可能的——那個你不知道自己具備的神秘奇蹟。你會發現享樂主義正被洗去——它不會永存，這就是為什麼我們必須如此拚命追逐。然而，這個，這個東西留下來了。它扎扎實實地改變了你的人生，也許不是巨大的變化，它不像是獲得學位，減掉三十磅，或第一個孩子誕生。這只是一瞥某種可能性，無法揣摸、微小、精緻又難以忘懷。

如果它感動了你，當你嘗試談論它時，反而會覺得自己像個傻瓜。你會找不到適當的語言，然後感到無所適從，人們則會覺得你神智不清。對你而言，感覺和精神上的知覺是絕對確實的，但語言方面卻如此模糊。我們如何描述**表演性**和**自顯性**葡萄酒之間的不同？

表演性葡萄酒可以是燦爛耀眼的，但我有時會覺得它們很費力地想要迷住我，忙著要令人讚嘆。自顯性的葡萄酒只是坐在那兒做自己，彷彿天生懂得泰然自若。想想一個人最能顯露出臉龐的方式，就是在不忙於製造手勢和表情的時候；也許正在看書，甚至在睡覺。你會看著那張臉，看到性格背後的人，這就是自顯性葡萄酒。

你可以說它超凡脫俗，但這個可憐的形容詞已經被貶低了。我們很容易不相信靈性或擁有靈魂的生命，因為這些話語很古怪，而且像是帶著非難，好似我們應該活出精神層面，或是我們的靈魂應該能為我們而活。好吧，唉，然而我們經常犯相反的錯誤。我們堅持將靈魂逐出我們的生活，窮盡心力地推開靈魂，說服自己和他人這是就事論事，好像靈魂是一種精神上的菁英主義。我個人認為拉近靈魂或推開靈魂都是無用的，只要各位**還活著**，最好忽略它並繼續過生活，我的意思是保持留意和隨傳隨到的態度。靈魂非常聰明，並且會在有正當理由時出現，但並不總是會在我們認為崇高的時刻出現。棒球賽季剛開始，我迫不及待地準備觀賞第一場比賽，我會幫我的靈魂買些雞柳條，我的靈魂喜歡吃炸物。

當各位品嘗寂靜時，會感覺到平靜存乎於遠處海岸所有驅策和推動之際，就像是吵架後的和解：我愛她；我們為什麼要吵架？這種奇異又吵鬧的和平似乎只有靠這種方式才能得到，才能來到這個萬物歸來、萬事皆美的地方。這些看似很安靜的葡萄酒只會對你耳語，**你因此能安靜下來聆聽**，再聆聽，最終不僅能夠聽見自己的讚美詩，還能聽見周遭始終依舊的溫柔與平靜。

我很樂於坦承，當這本書在二〇一〇年九月發行時，人們的回應方式令我感動又驚奇，我知道喜歡這本書的人們會非常喜歡它。我也知道這樣的人應該很少，管他的，我要伸長脖子、冒著看起來令人作嘔的風險看看有沒有這樣的人存在。而我開始覺得本書談到了某些人的禁區，某個令我們感到羞恥的地方，彷彿葡萄酒的本質太短暫而不會引發這種情緒，或者戲言這感受似乎沒有更大的價值。

但是，當本書平裝版出版時，我想向你保證，接下來的所有內容都不是什麼命令，只是建議。你可以這樣思考葡萄酒，也可以不要這樣。世上存在各式可能的經驗，而我們擇其所愛。葡萄酒是一種圓滑的邀請，而不是一種請求。但是，當葡萄酒提出要求時，就讓我們保持隨傳隨到吧，因為世俗的生命終究是太渺小了。

序言

有些人永遠無法學到任何東西，因為他們太早就瞭解了一切。

——亞歷山大・波普（Alexander Pope）[5]

我的葡萄酒人生歸功於兩個人：休・強森（Hugh Johnson）[6]和洛・史都華（Rod Stewart）。

洛最先出現。我正在一場樂團臉（Faces）的演唱會上，演唱會在紐約第二大道那令人惋惜的舊時表演重鎮東菲爾莫爾（Fillmore East），不知何故我得到前排的位置。那些日子樂團臉的演唱會就像是醉酒搖晃的大型彩排，擁有很融洽的狂飲氣氛，洛會痛飲「Mateus Rosé」粉紅氣泡酒，有一次他將酒遞給前排某個抽搐的搖滾樂迷，那人油膩地痛飲一口並將酒往下傳，然

5 十八世紀英國最偉大的詩人。

6 英國葡萄酒作家和葡萄酒專家，公認全世界最暢銷的葡萄酒作家。

後傳到我這裡，我的第一口葡萄酒，**難喝**，我把酒瓶傳給下一個人，最後有個嬉皮把瓶子遞還給洛，他眼看酒喝到見底，用手勢表示他很不爽。

對我來說當中的含義是：酒很酷，因為搖滾明星喝酒，而我想**成為**搖滾明星。這是至關重要的訊息，我至少必須假裝喜歡葡萄酒。

後來回顧這些年，我發現這是葡萄酒或葡萄酒的**概念**在我生命紮根的非常時刻，不是因為我喜歡酒這東西，而是因為我吸收了一種想法：葡萄酒是社交曖昧行為（social-sexual）的關鍵之一。

隨著年齡增長，我（和當時的女友）經常會在星期六晚上喝一瓶葡萄酒——其中大部分的酒我都很討厭。第一瓶會讓我想再喝的酒是……（這就是我的葡萄酒資歷）**藍仙姑（Blue Nun）**。享受喝酒是一種新奇的感覺，喝些低酒精濃度和帶果香的酒是一種解脫。

我在德國慕尼黑念過中學；我父親在一九六五到一九六八年間一直是美國之音歐洲分部的負責人。中學時代是形塑個性和自我形象的時期；喜歡的樂團和衣服、想跟哪群人廝混（或哪群人會接納你），對我來說，這段開創性的時光永遠與住在德國有關，我渴望有天能夠回到此處。我上大學時聲稱要休假，然後和女友一起去了歐洲，我們在街上買了一輛破舊的老歐寶（Opel），到處開車兜風。

經過幾個月的流浪，我們最後回到了慕尼黑，因為家族的老朋友告訴我，軍隊通常會有國防部給民間「單位」的工作，當然也是因為我們在計畫中的前一小段時間就把錢都花光了。這段旅程不太可能是休．強森會出現的地方吧？

我們的週六選酒之夜很快變成了週五加週六選酒之夜，再演變為週五、週六加週日連三天選酒之夜。我們更常喝葡萄酒，你知道的，新手總是出手闊綽，我每週都會去買酒，買的都是一些超市裡的劣等酒。然後發生了三件事。

我隨機買了一瓶酒，碰巧很喜歡，當我想買更多瓶時，竟然**售完不補**，再不復見了。此事告訴我：遇到好喝的葡萄酒，就要趕緊下手。如此便誕生了一個酒窖，這是一種描述我們放在塑膠架上幾十瓶酒的極重要方式。其實超過你現下飲酒量的任何藏酒，都是實際意義層面的酒窖，而此時我也有了一個。

第二件事，我第一次買了一瓶叫什麼「麗絲玲」的酒。這瓶不一樣！我從來沒有喝過風味那麼**豐富**，卻又不是「果香」的酒，它喝起來像加了酒的礦泉水而不是水，我需要知道這個奇怪的新東西是什麼。

我們的優勢之一就是可以進入軍隊圖書館，而軍隊圖書館的藏書之一，沒錯，就是休．強森的《世界葡萄酒地圖》（*World Atlas of Wine and Spirits*）。「圖片很漂亮，以防我看不懂這些文字，」我如此消除自己的疑慮。但這些文字多麼不得了啊！翻開任何一頁都有些什麼，一些都市化的措辭，一些零星的詩篇，對我來說最驚人的是毫不掩飾的情感。德國薩爾產區（Saar）「釀造讓你永不厭倦的甜酒：其平衡和深度讓你聞了想喝，喝了又聞……，每喝一口嘴裡都帶來喜悅和驚奇。」（而且薩爾只離我幾小時的車程。）

喜悅和驚奇？好吧，我懂喜悅；我的意思是，畢竟如果有特別注意，咬下第一口完美的起司漢堡時也會帶來片刻的喜悅。但是驚奇？關於葡萄酒的一切有超乎我想像的範疇嗎？酒是一種美的東西嗎？

因此，我開始竭盡所能地找出強森寫的葡萄酒，我試著更細心地品嘗這些酒，看看酒是否會對我說話。有時會，有時我得摸索，但書中的圖片確實使葡萄酒鄉看起來很漂亮，也許是時候親自走訪了。

由於我們住在德國，而且那時是德國葡萄酒變得沒那麼酷之前，德國葡萄酒之鄉距離我們最近。出發前，我們備齊地圖和推薦的葡萄園和酒莊清單。我們將車停在許多酒村邊緣，然後敲敲那些葡萄酒農的家門。

我不認為我們拜訪過的許多酒農都遇過滿臉鬍毛的怪人突然到訪，還帶來一系列討厭的問題和少得可憐的預算。但我太走運了，從那時起的許多次拜訪讓我發現，德國的葡萄酒農是我見過**最慷慨好客**的人，如果你饒富興趣又滿懷好奇，想要耗多少時間或倒多少樣品酒幾乎沒有限制。如果我問起葡萄園，他們會抓住我的手臂，把我帶到山上，解釋地質和微氣候的細節；如果我問到年份，他們就會拿出酒和開瓶器，即使我強烈反對也徒勞無功。我說我需要少量購買**各式各樣不同的**葡萄酒，以便透過調查來學習，他們會回答，想買什麼就買，沒問題。

我的整個世界都變了。那是一九七八年五月，我發現了一個事物，不知道那是我尋覓得來，還是它找到了我。

我發現葡萄酒確實可以成為美的事物。它能讓你感受，它充滿無限變化，並且發揮了驚人的多樣性；這不僅很迷人，而且**很有趣**。它出體貼自然的人們在美麗的鄉間釀造，許多葡萄酒中的許多風味我都無法解釋。音樂的細膩與之很類似，但音樂的效果通常可以描述：快樂、悲傷、怪異、陰鬱、田園、狂喜、溫柔……。但葡萄酒？葡萄酒裡到底發生什麼事了？

我在歐洲又住了五年，造訪了大部分重要的葡萄酒產區，花費太多錢在葡萄酒上，又耗費太多時間沉迷於葡萄酒，更別提一旦出現葡萄酒的主題，我就讓周圍的人感到厭煩。真希望當時我沒那麼做，當人鬼迷心竅時，總是有些瘋狂。但我的運氣持續不墜；我藉由實際造訪體驗了每個新的葡萄酒產區，吸收了它的遠景、氣味與視野，無論是用牽繩牽著還是自在漫遊的狗狗，只要它看起來很親切（如布根地），或者嚴厲又沉默寡言（如波爾多），我都做得到將強森（和其他人）的文章如背景音樂一般在腦海中播放。想要不僅是學習，又能**瞭解**葡萄酒，真的沒有更好的方法了。我不屬於任何品酒團體，不參加葡萄酒課程，不看葡萄酒論壇也不和站上的強者交流，我獨自狂熱為之，我的女友蒂娜成為我的第一任妻子，她是一名非常有耐心的女子。葡萄酒成為我生命最**親密**的事物；直到後來才連結起了我的社交生活和宴飲交際。

在我有料可說的許久以前，我就有股想要寫酒的動力。我喜歡寫作，寫作似乎能完整我對特定葡萄酒和葡萄酒抽象層面的體驗。在滿是灰塵的舊鞋盒中某處，放著我沒必要寫的葡萄酒書籍的原始手稿，我找得到，但我懷疑自己看得下去。然而，即使是早期尚須分類的資訊和描述經歷，也是有幫助的。尤其是當我擷取那本書部分內容給一家名為《葡萄酒之友》（*Friends of Wine*）的美國雜誌時，他們還付了我稿酬！當然，我的第一筆稿酬支票都拿來買酒了，我記得是一九七〇年的 Montrose 和 Las Cases 的酒款。戀戀地凝視著它二十六年之後，我終於打開了那瓶 Montrose。

一九八三年初，我在德國待了十年後回到美國，當時我想從事葡萄酒行業。你可以說我勇往直前，但實際進展絲毫稱不上冒險，反而枯燥乏味。不過依舊有所進展。我整理了一些德國葡萄酒的酒籍資料，其中大多數是我的老朋友，多年後，我協助將奧地利一些出色新酒引入美國，我也召集許多小型香檳酒農介紹給謹慎的商人，彷彿在我將巨石推上前途無盡的山丘時，再把保險櫃綁在原本已經背負了一臺平臺鋼琴的背上[7]，而且無視於我素日遭逢的冷漠和嘲弄阻礙。我似乎有種惡魔般的天賦，總是選到不酷的葡萄酒類型。德國葡萄酒在八〇年代中期胎死腹中，原因尚不清楚，九年後，除了前些日子在酒中加入防凍劑這件事之外，再**沒有人**聽過奧地利葡萄酒，沒有人相信可以出售「無名」香檳。

並不是因為我喜歡挑戰，我只是遇事不會退縮，但我沒有刻意尋找奇怪或困難的葡萄酒

7 暗喻如薛西弗斯，希臘神話中一位被懲罰的人，他受罰的方式是必須將一塊巨石推上山頂，而每次到達山頂後巨石又滾回山下，如此永無止境地重複下去，形容「永無盡頭而又徒勞無功的任務」。

類型，我只是跟隨心中小小的奇特極樂。多年後，當我接受某雜誌的採訪時，有人問我：「你的品味一直不受歡迎，你有什麼感想？」

「我想，我只覺得自己很幸運。」我當年這麼回答，如今依舊這麼覺得。

二〇〇八年六月，我榮獲詹姆士．畢爾德獎（James Beard Award），以表彰傑出的葡萄酒及烈酒專業人士，相當於行業的奧斯卡獎。當我領受獎項時，回想起最初造就我的這幾年，對於這一切感到不能自己。本書將告訴各位，我是如何從早期穿越偏遠丘陵葡萄園的安靜步行，再經過似乎比實際更長的路程，才走上費雪音樂廳（Avery Fisher Hall）的臺上。是時候拋磚引玉了，是時候談談葡萄酒在一個人的生命中能代表什麼意義。

但是，要做到這一點，我必須要求各位接納空靈是日常經驗中普遍且有效的一部分——因為本書的主題是葡萄酒能成為進入神秘主義的門戶。我們討厭神秘主義者特有的思想，因為那是如此深奧又難以觸及，但並非如此，神秘無所不在。

深陷低潮的打擊手（就像我家鄉的金鶯隊今天早上一樣）會說：「彷彿球是隱形的。」另一個打擊手可能會哭著說：「這球明明是好球。」好吧，這是怎麼回事？這不是力學；打擊手和他們的教練都是經驗豐富的專業人士，他們瞭解基本知識。但一個人要如何描述進入或離開「好球帶」的狀態？我認為，我們首先要嘗試描述「好球帶」本身，而這個不求助於神秘主義是無法做到的。

音樂家有時會自行到達那個地帶或狀態，經常說些像是「我感覺自己就像個容器，音樂透過我播放，好像根本不是我產生的。」由於這樣的狀態是存在的，但我們不知道如何到達，也不知道它的本質是什麼，那麼我們該如何找到通往它的方式？

我的中心論點是葡萄酒可以帶來神秘的經驗——但並非所有葡萄酒都可以。這有其先決條件，我將討論這些條件，此外，讓自己為葡萄酒的神秘能力做好準備還附帶著好處，我們也會對葡萄酒的**娛興**能力變得敏銳，但是培養這種準備的過程是什麼呢？這是東方思想領域數以百萬計文字的主題，但是何時才會應用於葡萄酒？

首先，是瞭解「味覺」到底是什麼，以及如何真正認識自己的味覺。接著，培養出進入葡萄酒的特定方式，也就是更偏好於精緻而非粗俗的價值，安靜更勝於喧鬧。

若非立基於與平凡的對照，空靈就會令人望而生畏。我希望這本書是空靈的，因為它是在捍衛神秘主義，但我不希望它過於鬆散或含糊，雖然我也不希望它太線性，因為我不認為所有經驗都可歸結為邏輯。我瞭解使用語言描述轉瞬即逝或無可形容之狀態的困難性，但是我不會含糊地投降（例如說著「這種事情超出言語所及……」），我將透過探索語言的目的，正視語言本身的局限。

如果各位想全心體驗葡萄酒——不僅靠你的思想和感覺——那麼葡萄酒必須是真實的。而賦予真實的原因根植於家族、土壤和文化，以及這些要素之間的關聯性，這些有賴於親密感的強度，這些要素構成了價值體系的核心，由此得以欣賞和理解**真正的**葡萄酒。

想要促進這種觀點的部分方法是識別反對的觀點，僅僅找到優點並讚美是不夠的，因為優點會不斷受到偽裝和虛飾的威脅，這種緊張關係構成了兩種類型飲酒者之間極大不睦的基礎，而且他們總是不假辭色。我會盡力協助，引導我們用得體的方式度過。

我在舊世界葡萄樹與栽種這些葡萄的家族陪伴下，很幸運地能以最好的方式來瞭解葡萄酒，也許可以稱之為「古典」教育，以第一手的方式學習該主題的基準，讓萬事各就其所，並欣賞中心與外圍之間的邊界。

最後，我將與各位分享一些葡萄酒的經驗，這些經驗能將這些原則融入葡萄酒的實際生活。

如果本書似乎像是漫談或有時會有些重複，我不介意——其實，這正合我意。這不算嚴格的智力爭論，比較像是一種終身魔法。有時，我可能會因為定義一些你已經知道的詞彙，或者未能定義出各位不知道的詞彙，而讓各位感到挫敗。我戒慎恐懼的許多假設無法總是與各位的相吻合，這點要先請你原諒。

儘管這不是葡萄酒入門書，但如果我是一名教育工作者，我首先要告訴你的是：任何學習葡萄酒的人都應該從舊世界開始，這也是葡萄酒本身的起點，它在此處更接地。萬物都是平等的，它更手工，更親密地衡量，更謙遜，並且不太可能被短暫的時尚之風吹散。葡萄酒是由釀酒人釀造，這些釀酒人通常是由十幾代或更多世代流傳下來。他們不是新貴，不是暴發戶，不屬於建築、皮膚醫學、軟體設計或市政垃圾處理系統這些行業的流亡者，上述這些人對葡萄酒的「生活方式」一無所知，如果你試圖告訴他們，你可能會得到一個茫然的眼神。你不會目睹像我去年在美國那帕谷（Napa Valley）的 Opus One 酒廠時，看到的那種招搖的白色大型豪華轎車（我懷疑這種車是否配得上來自 Ürzig、Séguret、Riquewihr 或 Vetroz 的酒），你永遠不會發現《美食雜誌》（*Bon Appétit*）在這些酒農的廚房，或在他們土地的花園派對上拍照。

從舊世界葡萄酒入門也很有用，因為這種葡萄酒不會幫你完成所有工作。非葡萄酒人士會有點聽不懂我的意思。儘管氣候變化，舊世界的葡萄酒（尤其是阿爾卑斯山以北）仍對其有所堅持。這些酒生性並不冷淡，但它們也不是奢侈、愛交際、派對動物的葡萄酒。它們的音量不大，對於注意力短暫的人來說似乎是難以理解的。然而，它們活躍有力；它們會誘引你，使你一起共舞。它們會**吸引**你，但不會讓你變得被動，除非你選擇忽略它們（這樣的話，為何還要購買它們？）是的，當然，我是大筆揮灑，但是我不會用修飾語來填塞文章；這就是我的信念。舊世界葡萄酒要求你**與之共舞**；新世界的葡萄酒將你推倒在椅子上，在你身上跳大腿舞，但你不能毛手毛腳。

許多作者闡釋過舊世界和新世界葡萄酒之間的種種迥然不同，而且符合普遍規則；也僅僅停留於普適規則。但是它們存在有其原因。儘管有各種光榮的例外，但新世界葡萄酒的特色是一種滔滔不絕，使飲酒者從參與者變成旁觀者，這些大部頭又引人注目的葡萄酒花招百出：每杯酒裡都有爆破和飛車追逐。如果你是葡萄酒新手便可放心，你懂的，不必擔心會有一些沒領悟到的精妙之處，但是這類葡萄酒最終會開始變得乏味。

大多數新世界葡萄酒都以舊世界為基準。原版是偉大的小說，新手是根據偉大小說改編的電視電影，故事的複雜性不僅被浪費了，而且接收故事的經驗全都縮小為消極的「娛樂」，抹去了閱讀所帶來的生氣勃勃、栩栩如生以及無限想像。

繼續，繼續說我冥頑不靈吧！我接受，但也該稱我是一個擇善固執的人。另一端似乎是無所堅持，而那是行不通的。

我坐在餐桌旁喝著一杯葡萄酒，周圍牆上是我收集的所有藝術品，可笑的是，這些大多是日曆印刷品，但我得幫自己辯護，這些是具有高超印刷品質的舊世界葡萄酒日曆！場景全都是**平靜的**；上頭展示了乳牛與池塘，在池塘附近放牧的乳牛，倒映乳牛面孔的池塘，這些都是城市男孩渴望的潛意識場景。我曾有一個想法：我兒子會如何理解？他將記住這些嗎？他會懷念這些嗎？回憶時，他會愛這些東西嗎？（我敢肯定他現在一定覺得這些東西很無聊。）我的家人有一幅梵谷的複製畫，畫中的海岸線上有著帆船，這幅畫可能很有名，我小時候經常看到它。如果我現在看到這幅畫，就會感到好似被某種膜包覆，滲透體內。我甚至不**喜歡**這幅畫，但我就像沉入了熟悉的古老水域，它與任何離散的記憶都不相連接：我不會連結到我父親正在烤羊排，或我母親惹得我們全都哈哈大笑的情景。這是小時候所有飄渺記憶的總和，所有當時不知道且永遠不會知道的奧秘，所有一切在未來將變成什麼的奧秘，所有可能說過、說得更好、做得更好與如何變得更好的渴望，都從我開始。那些悲傷、納悶、不安以及奇異的甜蜜。

葡萄酒能對我們的內在訴說這些事。有人稱之為靈魂，葡萄酒離不開我們內心，它沒必要，葡萄酒井然有序地融入，然後占有一席之地。它只需要一個屬於自己的靈魂。葡萄酒無法被製造；無法由尋找受眾的行銷人員塑造出來。它需要與那些和自家土地緊緊相繫的家庭建立連結，他們在自己的土地上工作，滿足於讓土地自己發聲，這樣的葡萄酒是能服人的，因為它們不會堅持讓你將九〇％的自己留在杯緣。這種特質與出色之處是兩碼子事；品質多好是相繼而來的。如果這對你而言是值得享受的時光，那麼多的是不自然又做作的葡萄酒，它們能帶來一種脫衣秀般的偷窺式風味。**真正的**葡萄酒會在你整體真實的存在中占據合理的位置，你是完整的一個人，還沒有淪為行為可預期的消費者。

我在開始自學葡萄酒的一九七八年時，對此完全一無所知，沒有人幫我解釋，後來，當我看到葡萄酒竟然也可以用喧嘩和虛假的誘惑娛樂人們時，我感到震驚。看來，葡萄酒可能只是另一種**產品**，與人類應該關心的任何理由脫節，我的精神因此感到飢餓。我發現缺少古老土壤連結但技術臻至巔峰的極樂新世界葡萄酒，其概念都是既空虛又可悲的。是的——**當然**——舊世界並不乏粗劣的爛酒，但是舊世界對有意義的葡萄酒慷慨接納，這是新世界尚未實現的，從現在起的幾百年後將會是另一回事，或者說我希望會是另一回事。

在接下來的內容中，我將挑戰有關葡萄酒的許多常見謬論，並透過描述葡萄酒如何豐富我的生活，展示葡萄酒如何豐富你的生活。純真的讀者，這對你而言並非任何一種形式的挑戰，我一直畏懼那種教你如何自救的布施型「智慧」導師，原因是他們語言底下帶有斥責性：**你過著可悲、令人窒息的生活，因為你不像我那麼聰明，但付出一八．九五美元的代價，並對我在佛羅里達州博卡拉頓（Boca Raton）會所的捐款，我會同意讓你變聰明**。葡萄酒的一大優點是，無論你身在何處，它都能滿足你的需求。我想給各位選擇的機會，你可以吞下對你有用的內容，然後吐掉其餘的東西。我將提出一個論點，假設葡萄酒屬於靈魂的生命，屬於情色的生命（在希臘語中，eros〔愛神／性愛〕代表生命的力量），但要面對這種體驗時，你不可感情用事，並願意從葡萄酒和自身之中要求真實性。

這不保證各位會有崇高的體驗，只保證了真實的體驗，保證各位不必削減任何面向的人性才能與葡萄酒建立關係。

當我兒子大到想知道爸爸在做什麼時，我很難對「爸爸在賣葡萄酒」這個回答感到滿意，我試圖透過解釋爸爸在賣自己品嘗過並選出的葡萄酒來擴充回答的內容，但即使那樣說也很彆腳。爸爸在賣東西，無關乎賣的是多麼值得崇拜的東西：爸爸是推銷員。

那麼，該如何定義更大的問題呢？可能定義嗎？似乎必須如此，因為我一直感覺到分層存在。某一層是非常普通的商業性葡萄酒從業人員，負責處理圍繞著我工作上稀奇古怪類別的所有「問題」的人，葡萄酒產業的每個人都知道這些問題：教育、行銷、毅力、促銷、「著力於媒體」。我會努力做到這些事，或者在我允許出錯的範圍內努力做到。另一層（可能是更深一層）與職業的關係較小，而與研究的關係較大，但我腦海裡總有一個聲音說：「沒錯，但**然後呢？**」因此，如果我自問這一層面的實際效果是什麼，那麼這個聲音會推著我思考更廣闊的面向。

我賣酒。**沒錯，但然後呢？**我協助確保優質手工酒農的繁榮興旺。**沒錯，但然後呢？**我為永續做作出了貢獻，**包含**協助小型手工葡萄酒農。**沒錯，但然後呢？**為了保持永續，我需要告訴人們為什麼這是一件好事。**沒錯，但然後呢？**在告訴人們為什麼這是一件好事時，我必須詳細說出一個理由，即一個人與大自然以及與他的人類歷史之間的適當關係，這迫使人們對土壤、家族（這兩個概念常常合併為**風土**一詞），以及一個人與自然和人類歷史的適當關係進行思考。簡而言之，我必須維護**價值**。**沒錯，但然後呢？**在描繪這些價值時，我發現我無法逃脫靈魂的問題。**沒錯，但然後呢？**如果讓靈魂加入這系列的問題，會發現找不到讓它棲身何處，因為靈魂要不存在於所有角落，要不完全不在。因此，我最終要做的就是將葡萄酒置於靈魂生命的背景之中。**沒錯，但然後呢？**所以，現在我正以良知、感恩、愛、幽默、靈魂灌輸給我們的一切，來捍衛和描繪活著的想法，更進一步將葡萄酒擺在這個基礎之中，堅持我們其實並沒有多餘的時間將就。**沒錯，但然後呢？**我們似乎需要某些事情：來得知自己身在何處，與身外之物建立連結，與自己**內心**建立連結。真正能夠訴說出我們生命全貌的葡萄酒都是**真實**的葡萄酒，這些酒既能定位彼此又相互連結。調製而成的葡萄酒並非為人類設計；它們是為「消費者」設計的，你想身為哪一種？

第一章
跟你的味蕾當好朋友

首先，你要掌握自己的樂器，然後遺忘所有狗屎鳥事，奏下去就對了。

——查理．帕克（Charlie Parker）[8]被問到如何成為偉大爵士音樂家時的回答

某天晚上，你正在家裡看電視，假設正在觀賞自己喜歡的影片，除非各位擁有龐大的家庭劇院系統，否則眼前會是對整個房間來說相對較小的螢幕，雖然不想，但你不得不看見家裡散置的各式物品，通常你會開一、兩盞燈，也會聽見周圍的噪音。

現在，假裝你正在看電影，燈光熄滅，你坐在黑暗的廳院裡，明亮的螢幕包圍全部視野，即使周遭有其他人，這道巨大明亮的圖像與你的情緒之間也會產生一種奇異、幾乎催眠般的

8 美國黑人爵士樂手，綽號「大鳥」，以其超人的演奏速度、敏感細膩的音色，奠定他成為天才中音薩克斯風演奏家的地位。

親密感。所有偉大的導演都熟悉這個咒語；這是電影的精髓，這能喚起我們身上一種深刻且幾乎是預知的關注。

我們經常將味覺，亦即嘴巴本身，視為我們身體上的口味接收器，更顯著的是嗅覺。但味覺不僅是你品嘗到什麼，是你與品嘗到味道的關係。味覺不是消極的，是活躍的。

味覺確實是兩件事。首先，這是你對味覺接收器所發送訊號的關注品質，其次，它是記憶，出自於經驗。「優質味覺」能夠喚起看電影般的關注，普通味覺——更恰當的說法為冷淡味覺——就像在開燈的情況下看電視一樣。

我們大多數人天生味覺的敏銳度大致相同（但據說所謂的超級品酒師可能比我們其他人擁有更多的味蕾，幸運的他們就要受到味覺訊號轟炸了。）我們對這種敏感度的……敏感度有所不同。這似乎是性格上一種不能化約的面向，彷彿眾神在一只以你為名的盒子裡把所有特質布置妥當。

當我還是一名剛起步的葡萄酒新手時，曾有經驗豐富的人稱讚過我的味覺，但我的味覺並不像看起來那樣令人滿意，我不知道所謂好的味覺應該要怎樣，擁有好的味覺還不錯，但那又怎樣？

後來，當我為初學者講授葡萄酒課程時，我在課堂開始時做了一項小練習，我將四個不同品牌的墨西哥玉米片放在編號的盤子上，並請熱切的葡萄酒學生們（他們一定想知道何時會寄出課程退款支票）品嘗那四個盤子上的玉米片，寫下最喜歡的一盤及其原因。激烈的討論總是接踵而至：「三號玉米味最濃」或「一號不夠鹹」或「四號的餘味最長」。當所有討論結束，我會說：「好了，大家，現在各位已經知道成為一名優秀的品酒師所需要知道的一切了。」**啊，有沒有搞錯？**但這些學生在有限的主題品嘗到了差異性；他們集中注意力，是因為他們必須這麼做，並將品嘗到的印象化為文字。他們已經是品酒師，味道的媒介究竟是什麼並不重要。

然而，通往葡萄酒的途徑似乎更加崎嶇（與玉米片相比！）；它們非常可惡地有**太多**味道，而且味道還一直變化，正當你認為自己掌握了所讀的種種難以駕馭的混亂時，又會進入另一個晦澀的世界，而且酒標上的字看起來就像沒有足夠母音的回文構詞。一切真令人沮喪，我能體會你的痛苦，但是你大錯特錯了。

當我展開我的葡萄酒生涯時，也犯了同樣的錯誤。我想像眼前會有某種精通一切的理論目標，如果我繼續走下去，最終會達到目的地。但終點這東西很有趣，會與我們一起不斷前進，走得愈急迫，終點就愈退後。混蛋東西，竟那樣嘲笑我；他們難道不知道我正在苦苦追趕嗎？

肯定知道！終點會不斷令我沮喪，直到我終於懂得「享受這段旅程，並留意沿途的周遭」。

不過，撇除這種街角商店前聽到的禪意智慧之外，我還有一個實用的建議：如果全然嘈雜的葡萄酒嚇到你了，就直接忽視它吧。在至少三個月內——最好是更長的時間——選擇兩種葡萄品種，一種白葡萄和一種紅葡萄，什麼酒都別喝，只喝這些。假設你選擇白蘇維濃（Sauvignon Blanc）和希哈（Syrah），首先喝下所有你能弄到手的白蘇維濃白酒，包括加州、紐西蘭、奧地利、羅亞爾河（Loires）、上阿迪杰（Alto Adige）和弗留利（Friuli）等各種白酒；你會沉浸在白蘇維濃中，看看這些葡萄酒有何不同，以及這些酒似乎擁有什麼核心品質，然後寫下每個感受到的印象。對待希哈也是：澳洲、隆河谷、隆格多克—胡西雍（Languedoc-Roussillon）、加州等等。當你開始坐立難安地想要換換口味時，就是準備下一個雙酒組的時候了。會對白蘇維濃和希哈厭倦，是因為這兩個品種不再能夠為你帶來驚喜。但老天呀，現在你太瞭解它們了，深知到骨頭裡和夢境中都瞭如指掌，每一口呼吸聞起來都像是舊馬鞍和醋栗。

假設下一個雙酒組你選擇了白皮諾（Pinot Blanc）和卡本內弗朗（Cabernet Franc），你會立即注意到它們的新奇感，這種新奇不僅在於它們與眾不同，更是它們**多麼地**與眾不同。各位此時已將自己沉浸在最初的品種中，隨後的每個品種都會自動與之對比。想要瞭解葡萄酒，請深刻謹慎地學習其元素，如此一來知識就會持久，而且味覺視野也將無情地擴大。想要一次嘗試認識超過數百種不同的葡萄酒，只會讓自己得到一雙鬥雞眼。

這樣的作法對大多數人而言很是困難，因為這麼多葡萄酒全湧向我們。不過，請相信我，它們絕大部分的基本架構是固定的，如果你真的想學習，最好找到一個系統，或者使用我的系統。以系統建立知識的速度不快，但是一旦築起便不會消失。

味覺是品酒師演奏的樂器，我們會持續練習、鍛煉，直到熟練流暢。當各位終於抵達這個境界時，也許會以為已經完成目標，但其實僅僅處於能夠展示透過練習和重複而精通的能力。最終，如果眾神同意，你將不再擔憂該**如何**做到，而是開始擔心要做到**什麼**。你會忘卻要吹奏你的管樂器（或者是我的爛例子吉他），只是開始奏出音樂。

想像你參加一場在未曾造訪的房屋裡舉辦的派對，他們養了一隻很酷的狗，你喜歡狗，但這隻狗的性格內向或害羞，愈是靠近，狗就愈是退縮。你想要做的只是搔搔那隻狗！但似乎並未順利發生，因此你重新融入人群，忘記了那隻大狗。接著你坐著和一些迷人的年輕人聊天，突然你感覺手背有些濕濕涼涼的，嗯，看看是誰在那裡，是剛剛那隻大狗，正在嗅探你，試探你，**現在**你可以隨意搔搔牠俊俏的頭了，一直搔一直搔——真是隻乖狗！然後你回頭向朋友抱怨無論如何學習葡萄酒的知識，一切似乎都沒有變得更容易⋯⋯。

葡萄酒就像一隻害羞的狗，衝向牠，牠就跑得遠遠的，只是坐著不動，牠反而會開始靠近你。葡萄酒無關乎你可以掌握什麼，而是關乎於如何接收。愈不緊抓，才可以更穩穩抓牢，如果堅持要征服它，它會抵抗。以量化而言，我們僅能積累少量的知識，但如果學會放鬆，便可以積累**理解**。葡萄酒不喜歡被統治，它喜歡被愛和被好奇，如果你抱持好奇和感恩，它會為你做任何事。

我走了相當艱辛的過程才學到這個道理，如果各位尚不瞭解，也很可能會重蹈覆轍，我用我性感的葡萄酒知識招搖過市，出盡洋相，我浪費了太多時間與其他葡萄酒控爭論，以證明我的領袖聲望。向我悲傷的過去學習吧！我可以提供的第一個提示，是嘗試區分真正的複雜和繁複之間的差異。後者通常令人沮喪，但前者通常很棒。你必須引導自己的思路，如一道光束穿透重重繁複。你咬緊牙關、咬牙切齒，直到占了優勢。你掌握了風味。知道量化並列舉每種細微差別，而且還懂得使用某種評分規則來精確判斷自己有多麼喜愛一支酒款。但真正的複雜恰恰相反，這是一種對不可探知之事的即刻感覺，一種無法隔離或解釋的事。複雜很安靜，複雜也很嘈雜，隨著複雜的發展，你必須放鬆心情，看看會發生什麼事。我無法保證這種精神狀態對我們大多數人都是有效的，除非你是達賴喇嘛，直到你長到某種……嗯……歲數。我**從事**葡萄酒工作已有好幾年，當然我在工作中也與酒**相伴**，這是一項有趣的工作，但是我敢肯定，在過了某個時間點之後，我們愈想要得到愉悅（顯然我們會說「追逐」愉悅），愉悅就會離我們愈遠。有人還在「認真彈奏」時，也已有人已然忘卻如何彈奏。

當然，對我們許多人來說，解構和描述葡萄酒的所有元素**正是**一種彈奏。但是，就可以探知的程度而言，我們所描述的是一種紛亂與繁複，而非一定是複雜。當葡萄酒暗示了不可見，甚至未知的事物時，葡萄酒是複雜的，但那事物肯定在彼處且令人難以忘懷。複雜的葡萄酒似乎可以完整表達生活的複雜，繁複的葡萄酒只是我們用感官拼湊而成的馬賽克。

我想這就是你所追求的：全然接收所有訊號地觀看葡萄酒，而非看著看到葡萄酒的自己。喔，這聽起來真的很「禪」，但我相信這是通往愉悅和理智的道路，如果不試著忽略那與自我分離的味覺，就無法度過「**我能從葡萄酒中得到什麼？**」的執著。這始於「我」，也終於「我」。**我**從葡萄酒得到什麼，**我**的想法是什麼，**我**能給這酒打幾分？我只能說，如果你用這種方式喝葡萄酒，我希望你絕對不要也用這種方式做愛，因為你的伴侶會覺得很無趣。

我瞭解這種情況；各位正在試圖掌握葡萄酒，因此緊抓不放。當我們喝著自己喜歡的葡萄酒，然後一旁有人告訴你這酒是用人工培育酵母發酵的，此時就好似有一顆燈泡在頭頂上方亮起：**啊哈！**人工培育酵母＝我喜歡的葡萄酒，因此得出結論：由人工培育酵母釀製的葡萄酒更好。這真是太天真了。但是當你面對任何新證據時仍舊墨守自己的信念，就會產生問題。把種種知識添入籃裡的確很具誘惑，而且各位不會輕易將這些知識放手。不過，你必須這麼做，葡萄酒會迫使你這麼做。它會靜靜地等你，等你在你朋友、在你的侍酒師面前，以及你希望大大表顯一番的約會那天栽跟斗（以上都不是我的個人經歷喔……）。

其實犯錯最好。最簡單的錯誤是認為自己已經戰勝，此時你不會再問任何問題，你會等著用每一款葡萄酒確認自己的結論。然而，葡萄酒會試圖混淆你的假設，迫使你保持自我和傾聽，如果將酒托得太緊，它就不能與你共舞，托得鬆緊有度，它會與你一起滑步舞過地板，彷彿你是一個個體。

請記住，你的味覺不是一件你擁有的物品——它是你的一部分。你不是用味覺品嘗，而是用整個自我品嘗。幾年前，有個故事是關於日本開發了一種所謂的機器味覺（Robotongue），該機器被設計成用可預測的指標（酸度、甜度和單寧等）來識別葡萄酒，並且能夠以驚人的準確度「運作」，因此可以透過一臺機器改善風味的生理化學接收效果，該機器可以對葡萄酒的

「味道」進行記錄和分類。但機器真的能**品酒**嗎？我們是以人類品酒；我們將我們的回憶、渴望和期待寄託在每一杯酒中。

我們每個人味覺與自身的性格有關：一個怪咖與其味覺會有怪咖般的關係，一個右腦人與他的味覺會有一種含蓄且推論的關係，一個線性、分類性格的人會像一臺上了油的機器組織他的味覺。沒有一個系統是「最佳」系統。擁有自然而然的關係很重要，一旦試圖強迫，注定會受到挫敗。

這些關係會隨時間而變化。早期的葡萄酒愛好者，通常（且非常有用）會沉迷於寫品酒筆記，筆記有助於磨練他的專注能力，並幫助他記住自己品嘗到什麼口味。我的衣櫥裡滿是塵土飛揚的舊筆記本，滿是枯燥乏味的品酒筆記，導致太太的鞋子都沒地方放了；她是對的，我可能該扔掉這些筆記。除非喝到非常令人感動的酒款，否則我幾乎不再寫筆記了，而且我有自信必要時能夠解構葡萄酒的味道。早期我沒有這份自信，沒有人有辦法有這種自信，但就像身上的每塊肌肉一樣，愈是反覆操練，就會愈強壯。

最厲害的葡萄酒其實無法寫下品酒筆記，因為喝到時會泫然欲泣，被葡萄酒的迷人折服。我曾在巴黎的一家餐館有過這種體驗；侍者一定以為我太太剛剛告訴我她不再愛我了，正打算跟水電工私奔。其實不是，是因為那支該死的居宏頌（Jurançon）產區葡萄酒。就像所有品酒體驗一樣，這支酒從一片黑暗跳到你面前，但無所謂，這是魔法的一部分。大家請不要害怕哭泣的人。

我們完全不需要為自己的味覺故作姿態，除非你是以發表品酒筆記維生，否則除了你自己之外，沒有人會知道你對入口葡萄酒的想法或感受，所以不要故弄玄虛了。不要探求奢侈的語言，不要混淆你欣賞的酒，或從你由衷喜愛的酒中發掘什麼有趣的東西。拜託，如果葡萄酒聞起來像玫瑰，那麼從中嘗出一些像是醉魚草等等深奧的花，並不會使你成為更好的品酒師。相信任何自發的衝動，因為這些衝動是最真實的**你**。有些葡萄酒因其馬賽克般的細微差別而引人入勝，翻找和搜集構思出其中的錯綜複雜是很有趣的一件事，其他葡萄酒似乎只是純圖像。如果各位有共感聯覺，則可能會立即浮現某些彩色圖像。我確實會接收到一些像「綠色」、「橘色」或「紫色」的葡萄酒，而其中有些卻只是望文生義——例如紫色是鳶尾、紫藤、薰衣草、紫羅蘭的香氣——而其他時候我不知道為何葡萄酒似乎是「銀色」的，或者為何會以銀色為「主調」，只知道即使我認為不合理的圖像還是有其意義。你的品酒筆記不只該幫助自己記住葡萄酒的味道，還要能記住飲用時的感受。

那臭名昭著的盲品練習又有何確切幫助呢？

對某些人來說，這是葡萄酒知識的必備條件，各種葡萄酒頭銜的許多考試（著名的葡萄酒大師 Master of Wine 專業認證）都要求精通盲品。為什麼要這樣，我不知道。一旦一個人可以臥推三百磅，就好似需要一種運用這種力量的方法；否則只能在板凳上炫耀自己無關緊要的高超本領。葡萄酒產業中很少用到盲品技巧，除非是打算玩葡萄酒的團康遊戲。進口商兼作家柯米特．林奇（Kermit Lynch）的說法最好：「人們為什麼喜歡脫衣撲克，就為什麼喜歡盲品。」

讓我們回到樂器的比喻。味覺是品酒師所演奏的樂器，學習演奏樂器時，會不斷反複練習，直到熟練為止，然後自然而然地，無需登上舞臺就能在觀眾面前演練，盲品等同於演奏音階：是有價值且必要的，但不要與演奏**音樂**或品酒相混淆。

當凱斯．傑瑞（Keith Jarrett）[9]錄製《與你，夜晚的旋律》（*The Melody at Night, with You*）時，他正從慢性疲勞症候群中康復。他不能在音樂會上演奏；有時他甚至無法坐在鋼琴前幾分鐘。這張唱片是標準獨奏式的民間音樂，純粹的演奏，幾乎沒有裝飾或加入炫技的技法，

9　美國爵士樂與古典鋼琴家兼作曲家，作品總是在爵士與古典間徘徊。

成果幾乎可說是崇高、溫柔、從容、撫慰、完美又純淨。有一次我在播放唱盤時接聽電話，當我回到房間時，我意識到如果隨意聽這音樂，可能會以為這只是沙發酒吧放的鋼琴音樂，而瞭解藝術家、他的生平以及他錄製這張唱片的條件，使它產生了共鳴和意義。

那麼，將葡萄酒還原為沒有背景條件，會有什麼價值呢？我們堅持以葡萄酒參與的是什麼遊戲？盲品有什麼**好處**？在真空中體驗葡萄酒的一線希望在哪兒？是的，它可以訓練我們專注於味覺並磨練專注力，然後我們便可以將其丟棄！它已經達到目的。如果我們堅持盲品，我們將面臨巨大的風險——因為盲品對得知葡萄酒的**背景條件**有致命危害，而失去背景條件的葡萄酒也失去了意義，而對意義的體驗珍貴到不該被這樣揮霍。

但是你提出抗議，盲品會讓你客觀！噢，胡說八道。曾經嘗試過盲品的人，真的可以宣稱對真理和客觀性抱持任何純粹的動機嗎？或者那人只是需要透過猜對酒來贏得比賽？此外，盲品才能保證你「客觀性」的情況，只有在這種客觀性太脆弱，以至於需要憑藉資訊如此原始的狀態。如果你太不成熟（或缺乏經驗），而無法保持客觀，那麼盲品也無濟於事。然而，這還會使你對飲酒的目的感到困惑。我說的並非娛樂性飲酒（還記得**樂趣**是什麼嗎？）唯一真正的葡萄酒專業方法，是盡可能地多瞭解葡萄酒本身。它在什麼背景條件下由誰釀造？該產區和釀酒人過往的成果為何？只有這樣充分瞭解本質時，才能對之進行真實又深思熟慮的評估。

但願我能告訴你如何加速這個過程，讓你能夠對葡萄酒放鬆，但這件事該花多久時間就得花多久時間，強求不來。我自己也是一樣。

一天早上醒來，想起多年來我一直想不起來的一位高中老師。珍·斯潘斯基（Jane Stepanski）老師教授榮譽英文課程，我高三的時候上了她的課。當時我對閱讀沒有太大熱忱，但我對斯潘斯基老師很有愛。現在回首當年，我們一夥人簡直荒唐，想起她如此原諒我們的荒唐，很令人感動。

我需要同儕，我不是一個書呆子；就在兩年前，我曾經被稱為「怪胎」，因此，我需要庇護所，榮譽英文提供了這個庇護，因為所有邊緣人都在那裡。噢，我是稍微有在看書，且大多數時候都是認真但一竅不通。我回想起同學們特別愛嘲笑他們所謂真實又美麗的詩。我接受了普遍的蔑視：真實又美麗的詩——我呸！只有無知的笨蛋會喜歡那些東西。我喜歡什麼樣的詩呢？嗯，呃，啊……好吧——**咳咳**——嗯，你知道的，各種詩我都喜歡，只要不是真實又美麗的詩都好。

回顧過去，除了一笑置之又能如何呢？我不鄙視我們的過去，也不鄙視過去的我，過去的我很可憐，很貧乏，我們都一樣；我們渴望獲得任何能帶來確定性的垃圾，渴望站立在任何堅固的地面上，因此我們裝模作樣。而珍不知何以並不鄙棄我們，她讓我們做自己，並且尊重我們，溫柔引導我們遠離中二病。

當二十多歲第一次接觸葡萄酒時，我就像每個剛起步的葡萄酒控一樣，葡萄酒消耗了我每分每秒，悲哀的是，也消耗了我親近之人的多年時間。但是我對知識貪婪，**資訊**更是，我做了每個年輕人都會做的事：我試圖透過精通來征服這個主題，因為無知使人沮喪，不確定性招致痛苦。

葡萄酒的世界就像機械兔子一樣，能使獵犬循跡一直奔跑。無論我積累了多少知識，終極目標總與我維持相同的距離。葡萄酒的「真相」似乎像是一塊會滑動的地面……。即使如此，你也必須進入這個房間。葡萄酒挫折了我對確定性、控制性和支配性的渴望，有一段時間我對葡萄酒感到憤怒。

如今我認為真正該對我憤怒的反而是葡萄酒，但正如從前那位榮譽英文老師一樣，葡萄酒耐心地著手教導我它真正想要我知道的一切。

首先，我必須接受葡萄酒中的不確定性是生活中不可改變的事實。「行之愈遠，就愈覺得一無所知。」反對這件事沒有意義；反對只會妨礙我通往知足的過程。但是，人類總會渴望叩問原因，尋求**瞭解**。葡萄酒會永遠挫敗這種渴望，這是將其做為人類與酒建立關係的交換條件嗎？

恰恰相反，但是我錯問了**為什麼**。我叫囂著想明白「為什麼我無法瞭解葡萄酒的全貌？」但是我需要問的是為什麼我**無法**？為什麼我們都無法？看來，葡萄酒本質上的不確定性必定存在。終於，最佳問題變得清晰了：**這種不確定性的目的為何？我希望從中得到什麼？**

第一個答案很明確：不會有什麼目的。但是，其中將引出愈來愈多更誘人的問題。我經常認為，當答案是更深層的問題時，就表示自己提出了正確的疑問。「答案」是思考的盡頭。對我來說，解答其實令人沮喪，因為它澆熄了我學會如何養成的好奇心，畢竟質疑和懷疑，似乎維持了我的「生命衝力」（élan vital）。

愈不堅持征服葡萄酒，葡萄酒就愈是我的朋友。它讓我懂得一件事，那就是它更傾向於回應愛，而非回應「知識」。它告訴我的首要之事，就是知識源自於愛而非意志。我發現了葡萄酒是個內向者，它喜歡自己的私生活，因此我不再需要以滲透的慾望勾引出它的秘密。不確定性使它變得有趣，而葡萄酒也逐漸成為非常完美的伴侶。這些日子以來，我傾向於猜測葡萄酒的不確定性，是希望提醒我們對這個世界時刻保持好奇和警惕，感謝事物如此迷人。多謝了這份渴望，因為渴望即是**生命**。接受葡萄酒不可征服的奧秘，使我能夠比以往試圖馴服它時，更能深度沉浸於自我。

沉浸是關鍵。我沉浸在世界中，世界沉浸在我之中，有某種細絲和關聯，總是嗡鳴嘈雜，總是活躍。世界不是設計來為我所用的物品；它的細胞是我的細胞，它的秘密是我的秘密，而且每隔一段時間，通常是在我最不期待的時候，葡萄酒會用它的嘴對我訴說，**時間不如你所想，宇宙可存在某種味道之中，通往數百萬相互交疊環扣世界的大門到處都是，美麗總是似乎離我們更近，熱情永遠圍繞著我們，最明亮的秘密在最黑暗的思緒上演。當僅僅窺視門口時，所看到的只有慾望。**

你會聽到這些字詞，也許這些話聽起來全像胡言亂語，只是一連串的聲音而不具任何意義，只會使事情更加混淆。如果各位曾經撫養過一個不聽話的嬰兒，向各位推薦一些技巧，嬰兒喜歡人們對自己小聲說話，他們會因此著迷，小臉蛋上的表情看起來似乎疑惑恍惚，就像天使剛剛駕臨。因此我無須闡明葡萄酒對我說的話，它足以完全道出；足以使我意識到意義，即使這些意義沒有整齊落入種種先驗的標示之中；足以感到如此甜蜜，那美麗與秘密的溫暖氣息，如此柔軟，如此貼近我的耳邊。

第二章
葡萄酒重要事項（以及非重要事項）

各位是否都曾試著回答一個問題：你喜歡哪種葡萄酒？很難回答，對吧？至少很難簡短地回答，因為那些喜歡的葡萄酒經常需要用很多詞彙描述。我最近的回答是：「我喜歡平庸的葡萄酒」，儘管我知道自己這話是什麼意思，但我相信提問之人應該會覺得我很難採訪。

加深自己的味覺能力與瞭解味覺的過程中，一部分就是要留意它反應出什麼，最終這些訊息將如同自行組成的圖形一樣組織起來，這些圖形幾乎不會是隨機的，不僅能告知你喜歡什麼和不喜歡什麼，還能告訴各位你相信什麼、你珍惜什麼，以及你鄙視什麼。

我想向各位提出一種價值證書，這樣的價值讓我們享受葡萄酒、瞭解葡萄酒、欣賞葡萄酒，並將其置於原則和判斷力之中。我不算有資格為「全人類」做這件事，但我需要為自己而做，以定出我現階段在飲酒生涯中的位置。各位可以根據自己的經驗測試這些想法，使用有效的方法，丟棄無效的方法，創建自己的證書；簡而言之，將葡萄酒視為與生活息息相關的事物，而不僅是一種轉移或娛樂。

讓我們從葡萄酒的實際味道開始，這是我們喝這玩意的唯一理由。葡萄酒僅是**看起來**對我們的生活至關重要，但少了它我們也活得下去。當我們開始喝葡萄酒，是因為它的味道令人愉悅，而且確實一直是如此；直到後來（如果有的話），我們才開始意識到已經形成了一套原則，以此原則來組織我們的葡萄酒體驗，並學習欣賞各種**形式**的愉悅。

以下是一種設定葡萄酒基本原則的方式，著手之處就是葡萄酒的味道。

風味面向：最重要面向

澄澈度（Clarity）

識別性（Distinctiveness）

優雅（Grace）

平衡（Balance）

美味（Deliciousness）

複雜性（Complexity）

樸實（Modesty）

持續度（Persistence）

悖論（Paradox）

並不是只有某些面向的風味才重要，重要的是，那些構成風味相對重要的元素。

澄澈度：如果沒有清晰的風味，就無法輕易分辨出葡萄酒的其他面向。澄澈度可以意味著光彩，但並非總是如此；我想到的是羅亞爾河的白梢楠，或是不甜的芙明（Furmint）酒款，又或是煙燻夜色般深度的巴羅鏤（Barolo）。但是，即使葡萄酒展現了我們**看不到**的味道，我們也應該能夠觀察到酒的風味。澄澈度也暗示了一位殷勤釀酒人的作品，他渴望坦誠，無所隱藏。對我而言，這是首要的第一原則，風味應該清晰，接下來才是風味為何的問題。澄澈度是如此明顯且基本，以至於沒有人想到，但這並非不言而喻的事。令人不安的是有大量模糊不清的葡萄酒。我每次坐上沒有清理擋風玻璃的車，我都會瀕臨抓狂。清晰很重要！

識別性：隨便你要怎麼稱呼——當地風味、風土、產地獨特性（somewhereness，作者麥特．

克萊默（Matt Kramer）[10]所說的貼切名詞）——但無論如何稱謂，都表示酒杯裡裝的是**這種**酒，而不是別種酒，裝了**這個**產地的酒，而非其他產地的酒。識別性可以包含特有風格和奇癖，只要是出於自發性而非僅出於情感。如果有種酒的天生本質是經典和勻稱，識別性便並不一定意味著奇癖。有些人稜角分明，有些則豐滿圓融；關鍵在於要展現出**獨特性**。識別性使葡萄酒有理有據，《葡萄酒倡導家》（*Wine Advocate*）作者大衛・希爾德奈特（David Schildknecht）曾寫道：「具識別性的葡萄酒就是與眾不同的葡萄酒。」某些人之所以對「國際顧問」（受雇的專業釀酒師飛行世界各地施展他們的魔法〔及其配方〕）的釀酒學校很熱衷，就是因為我們能感覺到這些酒款的特定配方，無論它們的產區為何，也不論它們是在市場上或食品儲藏室裡，所以我們會喝到這種陳放於大橡木桶的熟果風格酒款，不論它們在此地、在彼處，全都融合成一種大而乏味的模樣。這通常是吸引人的酒款，但吸引力真的有那麼重要嗎？我們應該不惜一切代價追求嗎？我不認為在酒款的獨特性確定之前，談得上考慮葡萄酒的「偉大」。在稍後關於釀酒業全球化的章節中，我將更詳細檢視這個問題。但足以說，葡萄酒僅有護照是不夠的，酒還需要出生證明。我寧願喝一些喝起來**像自己**的酒，也不想喝到名不符實又大

10 美國葡萄酒評論家。

眾化的酒，任何酒都能喝起來大眾化，而且因為太常喝到這種酒了，使我極度厭煩。

小小離題一下，我質疑整個國際葡萄酒人士的現象，因為這似乎與真實葡萄酒固有的紮根性相互抵觸，我不確定為什麼有人會認為飛越數千英里來釀造葡萄酒很時尚。我很欣賞漫遊癖，但我更喜歡人們選擇一個地點並在該處釀酒，理想上是在他們出生和成長的地方釀酒，然後他們漸漸與那個地方緊緊相連，他們釀造的酒要能表達出這份連結，否則葡萄酒只不過是一種玩物而已。不要誤解我的意思；在你喜歡的任何地方釀製葡萄酒在道德層面沒有任何錯，我只是認為這並不是天性的魅力或理想，反而增加了世界的不連貫性。不管這是什麼，都不討喜。

優雅：此品質可適用於各種強度、酒體或成熟度的葡萄酒，在精緻柔順和「簡樸粗糙」的葡萄酒中均可找到此特質，與質樸的特質相近，但並非每一種質樸的葡萄酒都是優雅的。優雅是得體的一種形式，一種善良；它拒絕粗劣，甚至僅因其本身的價值，使其對力度更不屑一顧。

平衡（及其類似特質：協調與比例勻稱）：平衡不應該與勻稱混淆，因為有不勻稱但平衡的葡萄酒。平衡只是一種可觸知的感覺，即沒有單個成分顯得過分耀眼或不合時宜。這是一種風味的品質，使你遠離部分，走向整體。這是一種風味的和弦，當中沒有任何音符走音。如果在其中聽見任何一個音符，則可能是出於錯誤的理由。

在一款平衡的葡萄酒中，風味似乎天生注定地恰好存在。想像坐在河邊，河水乾淨冰冷，山峰清朗，眼裡看不見啤酒罐或煙蒂。你已健行了好幾小時，你感到放鬆、溫暖又飢餓。你打開午餐，吃下第一口，然後看見心愛之人微笑著走上小徑，在和煦的陽光下，空氣溫和涼爽。這是人生一大樂事，人生能經歷一次嗎？在平衡的酒中，每一口都能經歷到。

美味：不提此一特質很奇怪，但人們鮮少談論或寫下美味這檔事。一款酒確實能夠成功滿足其他標準但卻**不美味**。然後呢？我們已經因年齡而不再欣賞美味嗎？我們培養出更幸運的味道嗎？嗯，都是胡說八道。美味點燃了我們內心因氣味的愉悅而快樂的某種感覺，壓制這種感覺明智嗎？還有什麼事會隨之消亡呢？

複雜性（及其類似特質：模糊性和消失性）：有一種**明確**的複雜性，當中可以識別出葡萄酒的每個成分，我們樂見於當中有多少種成分，以及它們之間如何相互作用。還有一種**隱含**的複雜性，在這種複雜性中，我們能意識到當中存在某種成分，但觀察起來卻是隱晦曲折的。最後在少數幾種最好的葡萄酒中，總是有一種縈繞心頭的感覺：**這酒向我們展示些什麼**，其與分離的「風味」無關。這是葡萄酒最高貴的特質，但也最難刻意為之，這似乎是某些釀酒人的哲學和實踐的副產品，但是既不存在配方，也沒有方法；這個面向在該發現時就會發現，通常是意外發現。有些葡萄酒自身複雜，但止步於此。不過，有些葡萄酒似乎體現了生命的複雜，這就是我們望向天空看到的景象。

樸實：這代表一種想要與你的餐點、心境或社交場合搭配的葡萄酒，而非那種需要主導整個注意力範圍的酒。有些葡萄酒值得你全心關注，但並不需要靠大吼大叫得到。樸實的葡萄酒在這個時代瀕臨滅絕，因為力度被高估了。使用粗體字並不表示真的言之有物。樸實的葡萄酒美味圓滑又自信，而不會炫耀自身。

持續度（及其類似特質：深度和濃郁度）：此特性恰好排在上述面向**之後**，因為一款持久但令人不悅的酒對任何人來說都不會帶來樂趣。持續度能提高好酒的品質，也會減低劣質酒的品質。持續度也與強度無關；最好的葡萄酒是那些會持續**低語**的葡萄酒。我們誤解了濃郁度的概念，因為我們將其與含量混為一談。大聲嚷嚷的風味並不濃郁；是很幼稚又令人生厭的。濃郁度並不源自表達的意願，而是來自其所表達的事物。

悖論：我幾乎想不起有哪一款優質葡萄酒在某種意義上無法使我感到驚奇，無法讓我的味覺彷彿感受到被幾乎從未並存的兩者雙重打擊的感覺。我對這種經驗的簡稱是**悖論**；同樣地，這種構成要素掌握在天使的手中，似乎不易受到人類造物的影響，但是當它被發現時，會傳達出一種迷人的驚奇感：這種要素如何在同一種葡萄酒中並存？不僅並存，還相互促進；力度中**帶有**優雅，深度中**帶有**光彩……。

風味面向：最不重要面向

力度（Power）
甜度（Sweetness）
成熟度（Ripeness）
集中度（Concentration）

並非這些面向完全不重要，而是有太多人認為這些面向太重要，這些面向接近我的價值觀範圍底部，但確實存在。

力度：力度只有在計畫菜單和佐餐酒時才重要，因為想要讓餐點與葡萄酒的力道一致，如此便不會讓餐與酒相互壓制。但是，力度本質上是一種既不理想也不受歡迎的品質；需要透過結合優雅、識別性和美味來證明其存在的正當性，很多時候會因為不合理的自信而失當：想要擊破這道牆是**因為我可以**！

甜度：在葡萄酒世界中，沒有一種風味成分更容易受到過分的教條和教義支配，時興（我得說是病態的）對甜度的厭惡減少了許多葡萄酒品項。甜度在安排菜單及預測葡萄酒可能陳年的方式時都是重要角色，有時會很有幫助。就像酸度、單寧或其他任何面向的風味一樣，甜度只有在太甜或不夠甜時才顯得重要。然而，我們單獨鎖定甜度，堅持不惜一切代價減少或去除甜度，可能會沒有意識到自己被誤導，讓我們的葡萄酒失去平衡、餘韻和魅力。甜度應該在需要時出現，並在不需要時不出現，這取決於每款葡萄酒的風味，而不取決於我們推測的任何理論。

我們之中有很多人對甜度感到困惑。在此告訴各位，酒中有蘋果的甜味，也有Twinkie蛋糕的甜味，這是不一樣的！

成熟度：我特別指的是果實生理上的成熟度，有時也稱為酚類成熟度，當葡萄皮和葡萄籽成熟時會出現。這似乎是令人嚮往的，但對生理成熟度的單一追求將破壞了許多葡萄酒，因為這使它們只好承受無法承受的力度，並且去除了用不同成熟度葡萄釀酒的細微差別。當成熟度足夠時，我們何以會認為過熟會更好？它只會帶來更高的酒精濃度和強褓中的幼兒葡萄。

集中度：只有在回答以下問題之後，集中度才有意義：我們希望什麼集中？單寧、濃稠度、酒精？我們想要的是更多這些特質嗎？本質上，集中度只是一個形容詞，而非長處。

堅持立場：什麼是不重要的

為什麼要先討論不重要的部分？你可能會這麼問。因為這些生命短暫的蜉蝣之物占據了太多葡萄酒論述，使我們偏離了更重要之事。我記得戈爾．維達爾（Gore Vidal）[11]對這個讓學者爭吵得如此激烈的問題的著名答案：因為賭注是如此之低。

你可能預期葡萄酒世界是一個溫和文明的所在，你錯了。你會認為慣常的飲酒者應比他人較不挑惕，你又錯了。然後，你會厭倦總是判斷錯誤，並意識到葡萄酒可能成為許多其他辯論——或爭執——的避雷針，這些辯論是由人類一般的技巧、才智、文明和寬容標準所引導，

11　美國小說家、劇作家、和散文家，是美國政治的犀利評論者。、

換句話說，是梅勒（Mailer）[12]對上維達爾，但減去其博學程度。

在無法成功區別好戰與信念差異的現代，人們屈服了，然後真正重要之事在人人專斷己見的立場中變得模糊。更別提從複雜問題中製造過分簡化的媒體垃圾食物之誘惑了，我稱之為「思想蛋糕」；它們偽裝成實質，但只提供假造而誘人的主張。我期許初學者對這種複雜的葡萄酒感到恐懼，但是有些最糟的犯罪者居然是葡萄酒界應該深知或更潔身自愛、極具影響力的前輩。

當葡萄酒愛好者擔心有人威脅到他們喜歡的葡萄酒類型時，就會變得好鬥，但是好鬥會成為一種習慣，變成一種不再願意為合理性多努力一些的預設立場。突然間，每一個枝微末節的小事都有人荒謬地主張絕對立場。如果我們不是如此，就會看起來，嗯——很弱？我們經常犯錯，但總是太有把握！

不要誤會我的意思；很多價值觀都擁有立場，當身處這樣的位置卻不堅持自己的價值觀，那你就是膽小鬼。但是，當各位為並不是真的為自己完成的事主張價值判斷時，就是在冒險胡謅。僅將葡萄酒視為混鬥的機會以決定誰是誰非，是一條死胡同，這條死巷阻礙了知識和

12　Norman Kingsley Mailer，美國著名作家、小說家，作品主題多挖掘剖析美國社會及政治病態問題，風格以描述暴力及情慾著稱。

欣賞。因此，我認為「知道何時必須主張價值」非常珍貴。

以下是一些充斥立場的顯著議題，我先舉幾個傻傻的例子。

生產量：這個問題充滿了陳腔濫調。普遍的假設是必須產量低，才能要求品質。表面上看似有道理；每英畝種植的葡萄愈少，每串葡萄的風味就愈濃厚，但是風味濃厚並不總是等同於風味**更好**。低產量總能產出更好酒款的愚鈍想法，逐漸形塑出一群笨拙、不透明又不歡樂的葡萄酒，這類酒款過度濃縮、過度濃郁，簡言之就是**太過頭**。只有當**集中度**是品質的唯一標準時，這道簡單的方程式「低產量＝優質葡萄酒」才能成立。但任何一名優秀的餐廳二廚都知道如何將調味醬汁減少到適當的程度，而且也知道當矯枉過正時會發生什麼事，你會得到一個難以理解的物質，就像一個黑洞，不會散發出任何味道。產量問題必須看作是釀酒人針對想要釀造出什麼樣的葡萄酒進行全面評估的一環。可悲的是，只要膽敢提出這種說法，就會被愛好這些過頭酒款的人嘲笑，彷彿他們自身的好戰性如同他們偏愛的酒款。

他們會指控你是為稀薄衰弱的葡萄酒強辯優雅。有時他們說得對，有時他們似乎對透明澄澈的價值無動於衷。有些種類的葡萄酒並非以「強烈」和雄壯為目的釀造，每位飲酒者也不會在葡萄酒中享受到相同的特質，有些人喜歡招架不住的感覺，而我被葡萄酒感動折服的方式也與之不同，我不喜歡嘈雜的葡萄酒。

當我們認真地以每公頃幾百升（或每英畝幾噸）為單位來衡量產量時，大多數認真的釀酒人都會嘲笑他們，他們知道這些數字可以如何代換和操縱。當酒莊宣稱以五〇公頃釀造出葡萄酒，但是也許實際上種植了七五公頃，卻賣掉了多餘的二五公頃。也許產量很低是因為種植的技巧很差，可能是葡萄園因腐爛和發黴而生病了，所以健全的葡萄「產量」就看似很小，每株葡萄的產量和每公頃葡萄的產量會使我們更接近真相。若將這個問題視為釀酒人的經濟永續以及酒款**適當**集中度之間的介面，此問題就會變得更加靈活和現實。如果想要證明「高」產量能夠釀造出精美的葡萄酒，想想德國摩塞爾產區吧！以數字而言，此產地的產量似乎很高，但酒款卻能達到所需的集中度，不多也不少。其實，摩塞爾產區在發現自己擁有太多過熟的果實之後，就逐漸在產量不斷下修的時代中撤退，也使得摩塞爾最為人所喜愛的閃閃發光的麗絲玲產量短缺。

酵母：我目睹頗近期的葡萄酒愛好者渴望就此主題評價，君不見釀酒人在他們背後竊笑。提醒各位，葡萄酒農使用何種酵母發酵其果汁的問題很有趣，值得討論，但幾乎從來沒有定論。即便如此，對於需要確立絕對立場的葡萄酒愛好者來說，它也許仍是很有用的例證。此時，葡萄酒令人不適地接近宗教理論，將這個感性文明的存在僅簡化為一個我們絕望爭吵其細節不顯著的對象似乎是可惜的。儘管如此，在葡萄酒愛者好花太多時間迷戀的一系列離題問題的背景條件下，我需要做的最後一件事就是沉迷於細節來證明我的觀點：細節是毫無道理的！不過，也許一些註解的轉移也許能防止曖昧難解。本著這種精神，當你的眼睛開始呆滯無神，請不要跳過這部分——容我介紹「酵母的叛道」！

釀酒人有兩種發酵葡萄果汁的選擇，其一是讓大自然為他們發酵，以自發或「環境」酵母發酵；或是以人工培育酵母發酵葡萄汁。後者有一系列選擇，所有酵母都能形成風味，但某些酵母比其他酵母更具侵略性，因此有理由證明，最具侵略性的酵母越界了，調製出葡萄本身不具有的風味。就我所提出的價值判斷而言，我對此並不完全確定。

使用人工培育酵母的酒農通常是為了進行可預測的發酵，尤其是如果酒窖自然地寒冷，且他們希望葡萄酒變得較不甜。在某些情況下，酒農希望進行非常低溫的發酵，因為他們喜歡自然產生的香氣。某些品酒師不喜歡那些特有的香氣，會讓人聯想到梨型糖果[13]或香蕉，但

13 Pear drops，英國由糖和香料製成的硬糖，由人工香料乙酸異戊酯和乙酸乙酯組成：前者賦予香蕉的味道，後者是梨的味道，兩者的酯用於許多梨和香蕉味的甜食中。

這僅僅是風味的問題。

可能使用的酵母範圍之大超出預期，例如大量生產的工業酵母，針對某些葡萄品種及高濃度的甜點酒必須使用特定的酵母。我知道在一些情況下，酒農會在自己的野生葡萄園進行酵母培養，其中有一位酒農更進一步生產了特定品種的酵母，也就是從僅種植特定品種的葡萄園中培養出的一種特殊酵母，甚至在商業培養的酵母中，也有一些種類聲稱是完全的中性酵母。

但是，我們對這個過程瞭解不多，包括實際上是什麼酵母開始發酵的，因為即使採用了某種酵母，是否就能確定是由**該酵母**而非環境酵母引起發酵的呢？培養自己的葡萄園酵母聽起來值得讚賞，但酵母是風土關鍵且與生俱來的面向，而不只是一種誘人的浪漫，這方面尚未出現證明。

假設一位有良心的酒農，選擇人工培育酵母讓酒款產生某種質地和透明度，並避免需要技術干預才能解決的細菌或硫化物問題。他預先選擇了一種對他來說似乎是良性的發酵方法，以避免隨後對葡萄酒進行程度更高的干預。我知道很多葡萄酒農的方法都像最虔誠的葡萄酒純粹主義者所要求地嚴格，卻使用人工培育酵母發酵。

在一定程度上，到底是誰失控了？在某些情況下，這是總體不干預方法的一部分，只要葡萄酒口感好，就一定可被欣賞。但在某些情況下，這是一種裝模作樣；它給酒農一個時髦的說法，而與此同時，他們可能正做著各種不名譽之事。但是，讓我們假定將天然酵母發酵的葡萄酒認定為「自然」（如果你允許這種說法）、「時髦」（如果你不同意這種說法），或者「野性」（如果你同意這個時髦的說法！）等廣泛形容的一部分。如果你是一位經驗豐富的品酒師，我強調是**經驗豐富**的品酒師，你可能會感到該酒並不精緻柔順、未除臭，而且有點「鄉村風」而非「城市感」。也許你更喜歡這種風格，很好！我也喜歡，但我不會將其與葡萄栽培的誠實與道德混為一談。我們都知道有良心之人不會都做出一模一樣的選擇。

啟動發酵的每種選擇都有其優缺點，在「道德層面」也幾乎無一例外地沒有某一種方法比另一種更可取。我傾向於認同堅持自行發酵葡萄酒的酒農，但是對於許多同樣對風土充滿熱情卻使用人工培育酵母的人，我該怎麼辦？他們是不誠實、誤入歧途、無知之徒、裝模作樣的人嗎？還是我只是在惹人討厭呢？

一位酒農告訴我：「關於這個非常小的問題，人們實在太愛討論了，我懷疑連專家能告訴你哪支酒是用哪種方式發酵的機率不超過五％。」他是對的，酵母幾乎不過只是**變音轉調**而已，但這已成為我們進行各種絕對價值判斷的依據。也許十年後，我們會回頭問：「當年到底為何要如此執著於酵母？」

釀酒方法：當然，在描述層面這很有意義，但很少能形成絕對的判斷。氧化釀酒（鼓勵使用氧氣的釀造法）或還原釀酒（不鼓勵使用氧氣的釀造法）；哪種方法「更好」？不鏽鋼桶或橡木桶；哪種方法「更好」？帶梗壓榨或常規的破皮壓榨；哪種方法「更好」？答案總是——**視情況而定**。我們面臨的共同風險是，我們愛上一個酒莊，瞭解釀酒人如何釀造葡萄酒，於是我們得出結論：**這肯定是釀造優質葡萄酒的方法**。然後，我們記住了方法（如果有方法的話），並認為自己學到了些什麼。但我向你保證，很快、非常快，你將愛上另一家與第一家完全不同的酒莊。每間酒莊都可以堅定捍衛自己的喜好，但這兩種方法是互斥的。而你，可憐的你，正在試圖推測誰是正確的。對不起，但他們兩者都是正確的；錯的是你，你不必選擇！你只須留心注意、考慮並瞭解什麼會促使不同釀酒人以不同的方式釀造葡萄酒，這方式訴說了他們自身的故事；他們可能喜歡喝什麼酒？或者從他父親那裡學到了什麼？其價值即在於此，用人性的方式訴說。

堅持立場：什麼是重要的

我將在此概述我的立場，並在隨後的章節詳細闡述。

手工：意指工作者與工作間因親密程度而建立的連結，我認為這是首要原則，即使僅是為了抵制工業化之下以「產品」驅動的釀酒的誘惑，這將讓我們進一步往下聊……

連結：各種連結都很重要：首先是釀酒人與他的土地間的連結（以及風味與土地間密不可分的連結）；然後是工作者與其工作的連結；然後是家族與其家族產業文化的連結；最後，身為飲酒者，我們與自知真實、重要且值得捍衛和保存的價值的連結。當我們堅持將這些東西作為參與葡萄酒的前提時，我們會知道這些價值何時缺席，此時葡萄酒將在我們口中失去其滋味和聲音。

如何處理土壤：對於有環境意識的人來說，這是一個困境。葡萄園的處理方式顯然很重要，但並非總是依據每間酒莊有多「純粹」。再者，我們如何能擅自進行評量？那些從來不曾支持任何種植葡萄與釀酒家族的人，卻向以自家珍貴的純粹標準實際生活之人傳教，我心存懷疑。使用任何化學物質的極端作法，與其他使用有機或生物動力法的種植者之間，存在著一系列複雜的價值和可能性。我們需要以關切且合理的態度參與，但是我們不需要用「綠色量表」（green-o-meter）幫他們打分數，我們應該做的是觀看和傾聽——每位酒農面對的環境條件（乾燥與潮濕、平坦與陡峭等等），以及酒農工作的價值觀。對我們而言，絕對的判斷可能容易導致昏庸。當我們看見酒農的良知時就會知道，一個人由良知做出的決定會與我們**認為**由等級做出的決定不同。

真實風味：來自土地，而不是來自酒窖或無數種的處理方法。摩塞爾的葡萄酒農卡爾・約瑟夫・羅文（Karl-Josef Loewen）說：「現代世界迄今為止，尚無法想像建構完整葡萄酒風味的可能。在我所在的地區，人們使用**橡木桶**（barriques），使用最新的技術濃縮自然的葡萄果汁，使用特殊的人工培育酵母形成葡萄酒的特性，並使用特殊的酶形成香味。這是勇敢的葡萄酒新世界嗎？我有不同的哲學。」請銘記，所有葡萄栽培都是一種操縱，由此可見我們最好致力於參與這場混亂，參與削弱葡萄酒固有生命力的一切事物，及參與實現任何並非天生自然的風味。當然，橡木桶是最醒目的例子。

在葡萄酒文化應該存在的範圍中，正因為此文化的存在，這些作法的程度會有適切的分配。一個簡單的例子是摩塞爾的麗絲玲：葡萄藤在那片土地上茂盛生長，葡萄酒在整體上是合宜的；在正常的年份，葡萄**正好**足夠成熟，但仍然充滿清新爽口的酸度。葡萄酒傳遞的能量符合在極為陡峭的山坡上種植葡萄所需的精力。

如果為了製造適飲的葡萄酒，必須對製造葡萄酒進行近乎（或已經是）偽造的操縱，這某方面就走偏了。假設我喜歡黃金獵犬，並且假設我生活在非常炎熱的氣候之中，由於這種狗在非常炎熱的氣候環境會極度不適，顯然我就該養另一個品種的狗，我不該把那隻可憐的傢伙剃成光頭，或餵牠一些讓毛掉光的藥。如果必須欺騙葡萄酒來除去其天生所帶來的不受歡迎要素（或透過堅持其他事，堅持「生理成熟度」），那麼，便聽不見大自然正在訴說著：**你在錯的地方種著錯的葡萄了**。你選擇的是熟透的葡萄，因為你擔心葡萄沒辦法達到「生理上」的成熟。你的葡萄酒潛在的酒精含量太多，因此你在葡萄汁中加水，色澤變淡了，因此回頭添加了一種名為「百萬紫」（Mega Purple）的葡萄皮萃取化合物。你還可以使用旋轉錐蒸餾塔（spinning cones）或逆滲透的方式來「調整」酒精濃度。對於飲酒者來說，與這種被操控的葡萄酒抗衡，是為了要確立正確葡萄生長在其所屬土地的價值，以及杯中物的特色和誠實。這聽起來似乎要得不多，但這正是一切。

現在是時候詳細闡述本書中最關鍵的主題之一了，該主題可以分為三項概念：連結性（最重要）、關注，以及由前兩個概念衍生出的手工性。

連結性

今天早晨，我醒來時想到了德國的摩塞爾河谷，以及一個我很熟悉的釀酒家族，即位於策爾廷根的塞爾巴赫家族（Selbach）。我一開始認識他們是在一九八五年；當年是漢斯（Hans）和他的妻子西格麗（Sigrid）主事，長子約翰內斯（Johannes）則正蓄勢待發。漢斯最近突然過世了，我每年三月造訪摩塞爾河谷品嘗新年份的酒款時，也會造訪他的墓地，從墓地可以望見粼粼發光的河流和策爾廷根村，他與西格麗在那座村莊裡養育他們的家人。確實，如果聖斯德望教堂（St. Stephanus church）後方的陡峭山坡不是墓地，肯定會種植葡萄樹，漢斯和他的藤本植物都會在板岩中安眠。

他在家中過世，家人就在一旁。他的遺體經過屋內，穿過酒窖（他的一個兒子告訴我，「泰瑞，好像你能看見和聽見這些酒瓶站起來為爸爸鼓掌一樣」），然後才讓他入土為安，也許葬在距離房子三百公尺之處。他的精神不只在遺族間親切徘徊，他的遺體本身也近在咫尺。

我的父親是驟然去世的，那時我正要上高中，我暑期打工的某個下午回到家，他就倒在廚房桌子上。六小時後他在醫院的病房裡去世，而我和妹妹在家裡等。他被安葬在紐約皇后區一個巨大的墓地中；我懷疑自己是否還能找到墓地在哪兒。

我的故事可能並不典型，但也沒有那麼不尋常。我們是郊區人，某種斷離是我們經驗中的決定性特徵，我也不認為這一定是悲慘的，如果你是一匹孤狼，斷離也有其樂觀的一面。

但是，當我思忖著塞爾巴赫家族在教養和信念上的連結性時，他們的葡萄酒很明顯地也與他們連結在一起，**他們**的酒是複雜連結中的一個決定性特徵。對於塞爾巴赫家族和像他們一樣的人來說，這就像氧氣一樣無形，但至關重要。

約翰內斯英語說得近乎完美，其實他的法語說得也不錯，據我所知，他還可以含糊地用中文進行可辨的溝通。我有所不知或已然忘記的是，除了母語德語外，他還能說低地德語（或地區性方言）。我們一起拜訪另一家酒農時聽他說過，對方正是默克巴赫（Merkelbach）家族如今大約七十歲的兩個單身漢兄弟，他們幾乎從未離開過家鄉的村莊，僅靠五英畝的土地，生產三十幾種不同酒桶的麗絲玲白酒來謀生，每種桶都分開裝瓶。當我聽到約翰內斯換說方言時，我驚訝地發現會說這種語言真是一種社會黏著劑，這是約翰內斯讓羅夫（Rolf）及阿弗雷德（Alfred）消除疑慮的方式，我們是**同志**，這是連結和身分的另一個標誌。也有人認為摩塞爾麗絲玲的獨特之處正是因為此地的方言。

我發現我對有連結性的葡萄酒在本質上深感**心滿意足**，我是否喜歡這些酒甚至無所謂。我碰巧從未遇見我會喜歡的普里奧拉（Priorat）葡萄酒，但我尊重普里奧拉的真實性——它顯然是一種地方性的葡萄酒，說的是西班牙東北部枯萎貧瘠的臺地方言。我可能不喜歡這種酒——我對高酒精濃度的葡萄酒有障礙——但我很樂見其存在。

除了厭倦之外，我對所謂的「國際」風格葡萄酒（成熟、水果「甜味」、大量烤麵包橡木味等虛假的誘人性）一無所感，因為它要不與我不在乎的東西相連結，要不根本沒有連結。我的人生已有太多斷離了，我們很多人都是如此。當我想到像塞爾巴赫這樣的摩塞爾家族時——就像與我一起工作的任何人一樣——我眼見所及的一切都表達出一種根植於連結性的身分；他們自己、他們的葡萄酒。就算嘗試，也無法斷開這些連結。

它撫慰了一種孤獨，雖然這不是我的家鄉，但至少是一**個家**，人也是特定的人，葡萄酒是特定的葡萄酒。我一生的時間都在帶狀購物中心和其麻木的廢棄物間流連，所以當我走到艾菲爾山（Eifel）的最後一座山丘，而策爾廷根村莊映入眼簾，我在摩塞爾河邊平靜地坐著，感到短暫的興奮感**降臨**。我看到了，我領悟到這裡即是**彼處**，我很快就會擁抱體現它的人——而我也得以**品嘗到**。

我不會對任何酒退而求其次，各位也無須如此。

當我身處該地，我會待在塞爾巴赫家，由於這家人喜歡飲食並且深諳其道，因此保持我端莊男子般的形象是一項無盡的挑戰。我需要流浪，最好是每天流浪，周圍的葡萄園非常適合流浪，地勢陡峭而美麗。一天早晨，我動身走入霧濛濕潤的清新之中，高霧籠罩著山谷上方約五百英尺，我踏上通往伊梅萊赫（Himmelreich）葡萄園三棵野生櫻花樹盛開的半途上，我的身體以最高速度溫暖起來，持續攀登，走進對葡萄藤來說過高的樹林，聽鳥兒飛奔而去，陌生的鳥發出我從沒聽過的鳴叫聲。

伊梅萊赫山丘通往一座小峽谷，小峽谷通往下一個山丘，與城堡山葡萄園（Schlossberg）相對，然後又向東南通向偉大的日晷園（Sonnenuhr）。我走在一條險阻的道路上，摩塞爾河在下方垂直穿過葡萄樹藤，只有樹林在我上方。一些工人在四處修剪綁紮，在如此甜蜜涼爽的早晨有葡萄樹藤相伴，身在如此優美的環境中工作似乎很迷人。我很清楚並非總是如此——這些葡萄園在夏天會很熱，或者葡萄沒有成熟——但我似乎透過一層薄膜觀看，所有事物都突然顯得**神聖**起來。一小群人在工作，鳥兒喧鬧地窺視，下方是倦慵的摩塞爾河，聞得到板岩和潮濕樹木的氣味。這神遊狀態是這般地突如其來；剛跨出一小步，似乎穿越了自己，進入某種寂靜的虛幻空間，而那裡的時間似乎特別長。我行經一群在日晷園重栽的工人，並向他們道了一句早安（Guten Morgen），我心情愉快，熱情又傻氣地說，大家肯定都像我一樣飄飄然。但當然對他們來說，我可能只是因美景而驚喜的另一名瘋狂遊客罷了。

我轉過頭去，走過漢斯．塞爾巴赫的墳墓，我想停下來和他說說話，告訴他，**什麼都沒變，老朋友仍在；這是一個多霧的美麗早晨，工人們正在工作，鳥兒在吱啾，一切如是。你是對的，這個小小世界是神聖的，充滿了愛與耐心**。我回去晚了，我的同事們都不耐煩地等待，但我並沒有感到太內疚；我燃燒了一堆卡路里，還來了一場神秘的幻想——全都在上午十點前完成。

拜訪漢斯不是義務，我覺得自己需要做這件事。我喜歡他在板岩裡安眠，這是他的麗絲玲所生長的土壤。我喜歡他能看著村莊和河流的景色，我喜歡懷念收成期，那時空氣將充滿採摘人們的聲音和拖拉機發出得得得的敲擊聲，一切就在身邊。之後，第一場雪將撒落在河流上方，在漢斯和他鄰居安眠的板岩中。

我認為喜愛摩塞爾葡萄酒的人有一種特別的柔情，部分原因是這些葡萄酒具有某種痲雀般的魅力，但是如果各位來過這裡，會在這些葡萄酒中找到深植於自身最純淨靈魂之水中的根源。這些葡萄酒不僅來自一種文化；且深深地紮根於這種文化之中，你無法得知其先後來由，那種凝聚力既激動人心又令人焦躁不安。看著漢斯・塞爾巴赫葬禮上的送葬者，他們當中許多人的面孔本來都可以被刻在羅馬硬幣上，他們是這個世界、**這個地方**的人民，這裡幾乎沒有國際顧問（即「飛行釀酒師」）絕非偶然，摩塞爾已為這裡的釀酒人提供了所需的一切靈感。

然而，儘管我熱愛這種文化，但我還是看得到它的黑暗面。它並非只是情感豐沛。如果空氣稀薄，部分原因是空氣並不總是那麼新鮮，而所有心胸狹窄的嫉怨以及哈特菲爾德－麥考伊（Hatfeld-McCoy）[14]式的詐騙也折磨著世界各地的小村莊生活。不過，那兒並非僅僅只是如此。

我代理兩家摩塞爾的釀酒酒莊，他們是同一區的鄰居，地塊鄰近。其中一間酒莊的葡萄在還沒有採摘完全時，他的波蘭籍採收工人的工作簽證已然到期，因此不得不返回波蘭。鄰居說了，沒問題；**我們來幫你採收！**這真的是另一世界。這些人們可能彼此相識了二十多年，

14 一八六三至一八九一年中，居住在西維吉尼亞州和肯塔基州邊界兩個家族之間的衝突械鬥。此一夙怨衝突已經成為美國的民俗學詞彙，指代黨派群體之間長期積怨的符號，暗喻過度講求家族榮譽、正義與復仇所會帶來的危險後果。

但仍然彼此以先生（Herr）和女士（Frau）相稱，這些人之間可能經歷許多雜七雜八的鳥事，但是他們會說——「我們來幫你採收！」

西格麗．塞爾巴赫（漢斯的遺孀和家族女主人）曾跟我說過一個故事。「我們去年聖誕節那天採收了我們的冰酒（Eiswein），」她說道，「前一天，我們看聖誕節早上天氣可能會很冷，正猶豫不決要不要打電話找人幫忙，看有沒有人願意幫忙一起採收。我們打給十二個人，全都願意幫忙，他們都很**樂於**幫忙。我們在天亮前到葡萄園確認氣溫，然後在聖誕節早上六點鐘打電話給他們，全部都來了，心情都很好。採收之後，我們在屋裡聚了一下，喝湯、吃聖誕餅乾，他們離開回家時全都大聲彼此祝賀**聖誕快樂**，很棒吧！」

你能相信嗎?!我也很驚訝在聖誕節早晨黎明之前，當家人們都還在睡，會有人高高興興地離開溫暖的被窩，走進酷寒的葡萄園，採收足量的葡萄，僅是為了釀造幾百瓶葡萄酒，而且沒人有錢拿，這已經超越了睦鄰。某些傳統是憑藉著善意慶祝而顯得崇高，這一點昭然若揭。當大自然為你提供機會釀造冰酒時，便**慶祝**這份機會。也許有時葡萄可能已經腐爛或被野豬吃掉，但這一次眾神笑了。

身為摩塞爾釀酒人的資格在人類文化中的意義比純粹的職業還深奧許多，無論他的葡萄酒是優質酒、好酒或爛酒，每位釀酒人都是如此。這一點對於「消費者」來說似乎很深奧，但是消費一杯酒有許多方式，一杯酒中也有許多內涵可以**被消費**。各位可以僅將其視為一個物品，並使用各種程度對比競爭對手，或者也可以將其視為吐露自身是由人類釀製，釀製之人想向飲者展示生活中發現的美麗和意義。一切由**你**決定。

幾年前，我在報紙上看到關於一位葡萄酒業務的報導，他發現自己的「夢想」是在加州釀酒（或是「製作酒」）。他半株葡萄藤都沒有，他買來我不記得由誰幫他破皮壓榨好的葡萄（那裡稱之為客製化破皮壓榨），他的釀酒師是從戴維斯加州分校請來的槍手。這些事都沒什麼大不了；這是許多新世界葡萄酒共同且乏味的故事。他們的第一個年份酒標價為每瓶一二五美元（當時是一筆不小的數目），然後我知道這世界已經瘋了。

我們把這種酒款稱為自大丘（Hubris Hill）吧，「生產者」不會照料葡萄樹藤，也不會釀造葡萄酒，甚至沒有半株葡萄樹，但他肯定會向你要價一二五美金，因為他知道每分鐘會誕生多少個冤大頭，如果評論家再滔滔不絕地說「**大量悅人的果香從杯中噴發，帶來狂喜的次原子高潮：給九五分**」時，他們有多容易買單。

這就是葡萄酒（或是我們被引導如此認為）。**酒**（名詞）——是任何人都可以嘗試製作的東西，其與自然分離，與文化分離，與任何事物都沒有連結。但我們的幼稚需求需要被娛樂，我們的不成熟需要自己是順應潮流且正確，需要以最高價格讓自甘受虐的潮流人士花錢買單。

如果這就是葡萄酒的野望，那麼即使它從世界上消失了，我也不會落下半滴眼淚。有時，我們會感覺好似在五里霧中前進，一旦我們降落在某個真實事物，降落在某個真實的地點時，就彷彿戴上一副突然能顯示出周遭瑕疵和偽造的有色眼鏡。對我而言，認清並避免這些事物是有急迫性的。偽造不利於我們，就像食糖的興奮（sugar high）過後只會帶來崩潰和悲慘的感受，我們會感到困惑，失去方向。

但是，摩塞爾的葡萄酒來自世上某個真實之地，也來自與之連結的人們，並且源於葡萄酒創造出的文化，這也展現了他們之間的連結。我們還需要更多證據才能證明這樣的地方持續存在嗎？如果各位曾一再被商業類型的業務強推市場策略，而感到疲倦不已；或是前皮膚科醫生或獸醫將其宛如天堂般的生活強塞進你的耳朵，然後不禁納悶這跟葡萄酒有什麼關係，跟我最初愛上葡萄酒有什麼關係——我有很多地方可以帶各位去看看。

如果你厭倦了閱讀有關葡萄皮濃縮液、橡木片、旋轉錐蒸餾塔、必要的濃縮機、償債，以及為某位評論家評分背書的顧問（如果你甚至厭倦了考慮得分問題）——我有很多地方可以帶各位去看看。

如果你讀了一段詩，隨著世界向外擴大和深處探尋而突然感到一陣寂靜，你聽見自己疑惑著，**生命中曾經擁有的事物去哪了？**我有很多地方可以帶各位去看看。我很希望在本書描繪這些地方，因為世界不斷地把我們磨成一小塊，直到我們忘記自己飢餓或者還活著。但這些地方依然存在，只要你想，隨時可以去，你可以過著那樣的生活，你可以除去腳掌上的刺。

關注和手工性

讓我們暫時擱置地方精神的議題，這部分非常重要，我會在下一章回頭討論。現在，我想告訴你我在生產連結性葡萄酒的人們身上所發現的共通點。

首先，他們都討厭**釀酒師**（**winemaker**）這個詞。一位法茲（Pfalz）產區名叫林根費爾德（Lingenfelder）的葡萄酒農曾經告訴我：「我們不是釀酒師；我們不會製造酒，我們**不釀酒**，我們只是為葡萄酒的誕生準備好環境。」這位說德語的釀酒人更喜歡**酒窖主人**（**cellarmaster**）這個名稱。我也喜歡這個稱謂；比較謙遜，更像工匠。

我知道，我所謂的**關注**一詞也含糊不清，但是一位釀酒人關注什麼？是操控機器和系統方面的技巧？有沒有能力「刻畫」葡萄酒？酒比鄰居得分更高嗎？當你說喜歡他的酒時他會驕傲嗎？他有讓你感覺到他是一位風雲人物嗎？以上種種問題以關注的角度視之，一直十分實用。

還是，他關注的是來自自己土地的風味，以及養育它們並讓它們成真的敏感度？二十世紀末期最偉大的德國酒莊主人漢斯・金特・施瓦茲（Hans-Günter Schwarz）完美地說：「每每在處理一款葡萄酒的同時，也會除去一些無法找回的東西，身為一名酒窖主人，最聰明的就是在正確的時間點……什麼事都不做。」這種人的世界觀可以概括為：種出最棒的葡萄，然後悄悄閃一邊去。當各位自己種植葡萄時，當然就是一種養育的過程，一種與**生命**的合作，自我接納的過程，以便聆聽其他生命的需求和慾望，並盡力而為。對這樣的釀酒人來說，機器是必要之惡；他們真正的工作是與大自然一起完成。這就是「嘿，看看**我**，看看**我**值得崇拜的才華」，以及「跟我來，我會帶你看看這個我深愛的地方」兩者之間的區別。

當長輩（如果他們幸運的話）的孩子長大接管酒莊時，就會在他們身上看到這一點。我成年後的大部分時間，一直從事此項工作，幾乎每個世代相傳的情況下，父母親都會**走回葡萄園**，這是最能讓他們心滿意足的工作，他們遠離了銷售、發酵槽、澆灌、壓榨；他們帶著生命力走回葡萄園。我永遠不會忘記奧地利釀酒人恩格伯特・普賴勒（Engelbert Prieler），將我的稱讚轉向對他主導酒窖的女兒西維亞（Silvia）的讚賞，他甚至沒有正面答覆半個問題：「噢，不要問我，我現在只是一個單純的農夫……」然而，談到酒款的**品質**，他會攬下所有功勞，我與西維亞都覺得這點很逗趣——西維亞太瞭解她父親了，所以不會覺得被冒犯。無論我給予什麼稱讚，即使是最無害的稱讚，恩格伯特都會眼光閃爍笑著說：「是的，這裡的品質是嚴謹栽培葡萄的結果。」或者「的確，它顯現了當葡萄樹巧奪天工時，可能做到的模樣。」最後，我終於懂了，當我喜歡下一杯酒時，我轉向父親說，「哇，這葡萄園工作真的做得好，這酒才會這麼厲害，」他回答，「對呀，不是嗎？」

但你知道的，這一切都很甜蜜，這位老人家喜歡走到戶外與他認識了一輩子的葡萄樹相伴，在新鮮的空氣中獨自一人。那兒步調沒有那麼快，他可以專心致志，用他早已學會的方式專注，否則他將不會聽見大地的吱啾聲和嗡嗡聲。想到這些快樂之人真讓我快樂。

這些年來，我見過很多偉大的年份，但我不記得曾見過一個酒農自吹自擂。最近，一個名叫赫克瑟姆（Hexamer）的傢伙生產了非常傑出的年份，他說：「我很幸運能再產出兩或三個年份這個樣子的酒。」在這種時刻，我喜歡在酒農整張臉上看到的表情，我已經看過很多次這種表情，只要桌上出現好年份。這與球員擊出再見全壘打越過本壘時的表情並無二致，他知道自己辛勤工作，耗費一生的時間準備，希望有天能出現這樣的時刻，但是一旦發生，他感到的只有讚嘆，他甚至驚嘆到忘記驕傲了。他對蒙受如此的好運幾乎感到尷尬，好像這與他無關。**看看什麼東西誕生了**，他似乎這麼說了。

這些人的自豪是一位工匠對工作好好完成而感到的自豪。每當我們談到「謙虛」時，通常會想到自我貶低的病態形象，或者幾聲含糊「噢，唉唉」之類的託辭。但這是另一種表達方式，當一個人從根本上心滿意足時，堅持首要地位的自我需求就會平靜下來，而要讓自己心滿意足，就要心懷感恩地意識到**自己得去做這件事**。我從未見過好酒是由不快樂的釀酒人所釀製，我懷疑不快樂的釀酒人是否能釀出好酒。心懷感恩並不是消除自我，而是能使自我成熟，當成熟的自我植根於自然世界，自我就能得到強化。

各位可以嘗試將自我強加於自然之上，這會朝向一條死胡同，對靈魂造成間接損害。我認識的每位釀酒人都滿足於在自然中扮演聆聽者，希望能聆聽大自然的要求，據我所知，其中很少有人信奉神秘主義，但是他們都和大自然一樣充滿活力，在這個世界中，他們是大自然的夥伴。「葡萄園教會我等待，吸收自然並瞭解自己的界限，」奧地利的釀酒人海蒂・施羅克（Heidi Schröck）說。這種情感中有一種夥伴感，一種親切感，我認為沒有這份情感就無法釀造出美好的葡萄酒。當憑藉著自我工作時，可以釀造出優質的葡萄酒，也肯定能釀造出令人眼睛**為之一亮**的酒款。這些葡萄酒總是「表相」親切，但內心冷酷，關於這點的徵兆之一就是將酒降級成分數的樣本，衍生的是另一種概念：「完美」是可達致的，或甚至是值得嚮往的。當有人說：「**這已經夠好了**，」時，我總是想回他：「**真的嗎？你怎麼知道？**」相信我，我們會再次討論這個主題。

手工概念的基礎是對不完美的欣賞，不完美與我們自身、我們人類以及整個大自然中觀察到的事物相符合。大自然可能崇高，但並非完美。當你與一個人做愛時，你會把自己的錯誤和缺陷強加在她或他身上，也許你會覺得自己胖，覺得痛，覺得全神貫注，或者你會感覺很棒，但重點是**你無法預測自己的感覺**，而且該死的是你無法預測伴侶的感覺，但在這種不完美的碰撞下有些事情會發生。或者你可以觀看A片；A片的性愛總是很完美，你可以倒轉並一次又一次地重複觀看自己喜歡的片段，但是你無可避免會與螢幕上的圖像分離。不，這不是我們需要追求的完美；這是不完美的，因為不完美的假設是允許奇蹟和狂喜。

對真實又有意義的葡萄酒來說，最重要的事物就是工匠的溫柔關注，如此才能在這個不完美但可愛的世界中，讓我們每一個不完美的人享用。

第三章 讓葡萄酒更神秘

首先，所有事物都是一體的。所有事物都連接在一起，所有事物都由其他事物解釋，而又依次解釋了另一件事。世上沒有個別事物，亦即沒有可以單獨命名或描述的事物。為了描述第一印象、第一種感覺，能一次同時描述整體是必要的。一個人接觸的新世界沒有所謂的面向，因此不可能先描述一面，然後再描述另一面，每個面在每一處都是可見的。

——鄔斯賓斯基（P. D. Ouspensky）[15]

若自然不是擁有一種意識而具有一種目的，那便是完全沒有。在我們目前的發展狀態下，不得而知。根據我的經驗，如果事物——無論是金屬的（例如我的汽車）或是有機的（例如植物）或兩者皆非（例如風）——與自然相關，就好像是有意

15 俄國著名的新聞記者及哲學家，從少年起就對玄學、心理學及宇宙科學深感興趣。

識的，其行為會有所不同；許多人在岩石、植物、動物和物體上都體驗過意識，但是我們的主觀經驗難以說明，無法證明。如果大自然沒有意識或目的，我看不出人類如何能有意識，所以我選擇相信我們都有意識。這與我從事物上感受到的一樣，無法證明，尤其是當證據似乎指向了相反的方向。

——麥可・文圖拉（Michael Ventura）[16]

詹姆士・希爾曼（James Hillman）和麥可・文圖拉（Michael Ventura）出版了一本書名相當挑釁的書，名為《我們經歷了一百年的心理治療，而世界變得愈來愈糟》（*We've Had 100 Years of Psychotherapy and the World's Getting Worse*）。好吧，大約有一百本書都旨在「揭密」葡萄酒，然而葡萄酒卻比以往任何時候都更加神秘了。並不是說技術派葡萄酒釀製專家情結沒有瘋狂努力地從葡萄酒去除所有麻煩的可變因素——該死的自然！——而上帝知道我們被各種形式大量生產的工業雜物所淹沒，但除此之外，是真正的葡萄酒**應該是**複雜的，而且如果你認為自

16 美國小說家、編劇、電影導演、散文家和文化評論家。

己無所不知，那麼，老兄，你根本一無所知。

啊，但可憐又不幸的消費者面對擺滿貼著冗繁酒標的葡萄酒瓶架，或者眼前號稱是餐廳酒單，卻像塔穆德經般難懂的八磅文件——我們該怎麼做才能幫助這位深怕會選「錯」酒的無頭蒼蠅呢？首先要提醒他風險的本質。我們要記住，他可能幾乎不知道汽車實際上是如何運作，如果你把這個人的頭埋在引擎蓋下，他會想，**嗯，當然，那是引擎，好吧**，卻對引擎如何使他的車輛移動一無所知，他準備為一臺他不理解運作方式的機器花一大筆錢。然而，我們卻寫了一堆書焦慮葡萄酒有多困難？如果你犯了一個「錯誤」並在商店購買了要價二〇美元的「錯誤」葡萄酒，你會怎麼辦？不過，這不是最令人大失所望的部分。

經簡化的葡萄酒產業基本上是自卑的。其實有兩種自卑感，第一種屬於讀者，他們認為自己對葡萄酒應有更多瞭解，因為他們顯然無法逃避葡萄酒，且不想自覺自己無法勝任。第二種屬於葡萄酒作家，他們感覺自己是導致美國人沒有喝更多葡萄酒的集體失敗的一部分，他們推論，我們為新手提供安全享受葡萄酒的一切作為，使新手對葡萄酒戀戀不捨，這是件好事，因為我們這些以賣酒維生的人希望有更多人喝酒。

但是，如果我們談論的是文學呢？確實沒有足夠的人閱讀，但是他們喜歡看圖，這我們知道，所以我們來擺脫這些煩人的**文字**，來製作圖解書。簡化整個文學產業吧，一旦事成之後，我們來看看是否可以消除更多文字，透過純圖像來講述整個故事吧。噢，天哪，讓我們忘記你手上握著的任何實體；讓我們製作一個影片，然後推上手機螢幕吧。我的意思是，這大同小異，對吧？安娜仍把自己推去跳火車[17]，霍爾頓還在為愚蠢的鴨子大驚小怪[18]。這有什麼不同呢？

想要簡化葡萄酒，並使每個人都更容易「**取得**」葡萄酒的基礎，這麼做有近乎於迎合的風險：「如果我消滅葡萄酒的本質，使其變得異常簡單，你還會開始喝酒嗎？」我們為什麼要讓每個人對事物的幼稚渴望成為可預測的？你想要可預測性，那就對葡萄酒敬而遠之。噢，是有很多可預測的葡萄酒被生產出來，如果你在其中找到喜歡的葡萄酒，那就盡其所能繼續喝酒並享受這支酒。但是，如果你對葡萄酒感到好奇，就必須接受經驗帶來的繁複不確定性，至少，在許多舊世界不確定的氣候當中，年份酒呈現多樣化，而今年度喜歡的一款清新葡萄酒，明年可能搖身一變成為妖嬈的美酒。同一葡萄園內相鄰地塊的不同酒農會釀造出不同口味的

17 出自《安娜．卡列尼娜》（*Anna Karenina*），主角最後在沮喪失望之下，在火車駛近時跳下月臺結束生命。

18 出自《麥田捕手》（*Catcher in the Rye*），在整部小說裡，主角霍爾頓一直在為中央公園環礁湖的鴨子們擔心。

葡萄酒，這不全然是一團亂——這是貫穿手工葡萄酒的一致性——但是要欣賞這種葡萄酒，你必須容得下驚喜。

這樣說吧：你想看的是不知結果如何的球賽？還是想用光碟播放機觀看已經比賽過的球賽錄影？也許是場出色的球賽，但是你寧願看沒有驚喜的錄影嗎？

葡萄酒幾乎沒有什麼內在固有的神秘性；葡萄酒數量龐大，來自不同的品種和不同的產地，且大多數每年都會改變一點口味。有很多數據，但不是整體的計算。不過，有些東西可以喚起優質葡萄酒的**神秘性**，任何願意為此做好準備的人都可以取得這種經驗，首先你要有空——換言之，就是讓你的關注和情緒都能夠對情感做出回應，也能回應美麗表情中的喜悅之情。這沒什麼大不了，假設你去散步，但全神貫注地想事情（該死的布勞曼合約仍未簽訂，小強尼需要裝牙齒矯正器），你會看不見周圍的一切，但隨後手機響了，詹金斯收到了一個好消息：「布勞曼簽了！」此刻你的思想得到解放，開始不僅能留心周遭，還能留心**萬物**。你拾起一片葉子並將其翻面，下面的圖案令人驚訝，我的上帝，看看這個，這圖案一直在這裡嗎？其他人知道這片樹葉有多神奇嗎？

這種思想狀態沒有什麼深奧或無法觸及之處。如果你意識到這個世界，事物便會引起你的注意，其中之一是美，而美的事物之一是葡萄酒，但葡萄酒的能力並不僅限於感官之美，葡萄酒是一種通往各式美的道路，從漂亮到迷人，從飛逝到邏輯，從熱情到哀愁。優質的葡萄酒會帶領你前往一個問題，然後美妙地將你放在那兒，沒有答覆或地圖——只是讓你看著那個問題。

曖昧不明？如果你坐在山頂上欣賞風景，你可能會說：「這很美，因為我可以望得很遠，山丘之間以一種特別秀麗的方式相互堆疊，河水坐落於絕佳位置，讓美景更加深入。」這當然是事實的一部分，但美有一張見不得光的臉。想想音樂，你能說說為什麼某種音樂會讓你感受如此強烈嗎？可能無法，但我們大多數人都對音樂有強烈的感覺，而且當我們感受到時，我們也不會認為自己很怪或很「新世紀」，因為這種經歷雖然神秘，卻很平常。葡萄酒也是一樣，但似乎異於常軌，因為喝酒本身似乎與愛吃芝麻葉處於同一範疇。

根據大腦處理氣味和記憶部位的接近程度，葡萄酒可能會對這種神秘的機能產生特定的支配性。我自己從來沒有經歷過普魯斯特的經驗，但是對我來說，葡萄酒的效果甚至比那還令人驚奇。我可能不會突然恢復記憶，但有些好酒似乎擴大了這個世界，使我似乎經歷了**集體**記憶。我可能會聞到一支老年份羅亞爾河谷的白梢楠，使我聯想到一座大衣櫥，這不太算幻想，但這讓我想到法國鄉間小屋房間裡的一座大衣櫥，我也能看見其他家具，還能看見窗外花園和田野的景色，幾乎可聽見居住在這裡人們的聲音，聞到大衣櫥裡吊掛的衣服味道。

在我想像中的大衣櫥裡，是過去傻傻的我；我聽見聲音，看見田野，聞到氣味，但接著感覺到一股騰升感；我不知何以在天空中，看見連接「我的」房屋與其他房屋的道路，再延伸到市集村落，看見田野中的森林和馬匹，看見孩子們整在玩耍或偷蘋果，果園的主人跑在他們身後罵人，然後我想，**他們已經不在這裡了，他們去了哪裡？**我感到短暫的一生無休止地接連不斷，感覺到人們努力地去工作、去愛、安居樂業，然後瞭解到這一切的含義，而我對其中含義感到比以往任何時候都更加遙遠，但同時感到其中為我們這種奇怪物種蘊藏著驚人巨大的重量、溫柔和悲傷，一切如此地不經意又如此地宛如天使。

現在，誰知道呢；也許我正想起三十年前讀過屠格涅夫（Turgenev）[19]的一些無足輕重場景所深留腦中的記憶，也許這是葡萄酒激發想像力的奇異能力，這是葡萄酒的「神秘一面」，我不認為我們應該為此道歉、為此尷尬或試圖裝作不在意。我認為我們不需要除去葡萄酒的神秘，而是讓葡萄酒**更加神秘！**

19 Ivan Turgenev，俄國現實主義小說家、詩人和劇作家。

回到杯中的葡萄酒。我剛才描述的過程是在一、兩秒鐘內發生的，我還沒有弄清楚如何召喚，但是當它召喚我時，我會嘗試在場，這對我來說很是受用。

我與一位名叫馬丁・尼格（Martin Nigl）的酒農合作，他生產的是特別飄逸精緻的酒款，這種葡萄酒訴說著我們從未想過的問題：葡萄酒可以精鍊到何種程度？我們又會發現什麼？眾所周知，清晰度可以彰顯出風味，但是澄澈風味的另一端是什麼？我也想知道像尼格的酒款會給我帶來怎樣的感覺，因為這種酒不會產生大量的情緒，這種酒太徹底了，或許這種酒最能產生的是好奇心。如果我想像不到葡萄酒可以純粹精鍊，那麼還有什麼是我想像不到的？

我認為像尼格這樣的葡萄酒能夠反覆灌輸對細節和設計的欣賞，就像早晨看到被露水覆蓋的蜘蛛網，當停下來欣賞織工的手藝時，能看見已捲曲成一團等待著陽光照射。或者某個冬日早晨窗上的白霜，喚起研究複雜結晶的好奇。小時候，我有一架顯微鏡，小小一架但比玩具厲害多了，我喜歡觀看我的載玻片。如今，風味也在顯微鏡下，而我們能望見世界中的世界。

這並不代表尼格的酒款將所有感官都拋在腦後；此言差矣，它們是感官的盛宴，但他的酒卻是一種深奧的美食，將滿足已知與未能意識到的飢餓，但是你必須準備好去體驗，並以不同的方式聆聽。這些酒不會讓你更快樂，但會讓你開始思考，因為你還有**更多**其他面向，而且你也無需為這一刻而刻意安排一些宏大的狂喜，只需啜飲一小口葡萄酒，它就能生存，也很容易生存。

所以為何不對葡萄酒放輕鬆呢？不要擔心你知道或不知道的事，甚至不必擔心你「應該」（根據自己的愛好）感覺到什麼，就任憑自己耽於空想，釋放你的想像力。相信我，這比試圖抓住葡萄酒、試圖擺平這可憐的混蛋、仔細剖析葡萄酒以展示你的味覺有多酷還要有趣許多。這就像專注於平衡帳戶的收支，而對彩虹視而不見。多麼可悲的浪費！

請牢記在心，神秘主義者的培養不僅是追求精緻體驗——實際上，它根本不是一種**追求**，神秘主義也會透過展現和鼓勵直覺和隱喻現身，如果放鬆下來，它就會不請自來。我記得當時坐在 Carl Loewen 酒莊（第二章提過）的品酒室裡，注意到當我在那裡品酒時，總是會聽見黑鳥的聲音。我發現鳴鳥的陪伴與謙虛卻可愛的葡萄酒之間有著迷人的連結，這可能是因為此酒莊的品酒室就在花園裡，並且總是有黑鳥在背景啼轉。大自然確實喜歡展示她的隱喻！但我很高興杯裡的葡萄酒能與室外吹哨鳴轉的聲音並置，這裡有隻小黑鳥正用她小小的身軀撕心裂肺地鳴叫著，所有能量和旋律都來自如此渺小纖細的身軀，而杯中有一種酒精濃度八％的酒款，所有能量和旋律都來自如此渺小纖細的酒體。我想知道如果身在澳洲品酒會有什麼樣的隱喻，那兒可是有一些巨大兇猛的野獸吼叫著。

如果各位以莊嚴如聖禮的眼光看待世界（指的並不是任何你屬於的宗教派系，或是你甚至根本不屬於任何宗教派系），就會發現自己已然假定事物之間存有連結。奧地利酒農麥可．莫斯布魯格（Michael Moosbrugger）租了一座古老莊嚴的修道院莊園，名為 Schloss Gobelsburg 酒莊，這是一塊一流的土地，但這一代的修士們需要酒莊現代化的協助，也須使葡萄酒與現行品質標準保持一致。

麥可致力於以現代品質導向的脈絡對酒款進行升級，他的葡萄酒很快變得非常出色，甚至達到偉大的標準（如今這些面向已受到重要機構的瞭解和重視）。幾年之內，他實現了自己的目標，但他知道自己真正的目標在他處且更深層。

一切始於他在酒窖中品嘗到老年份的酒款。這種酒款很不一樣，它們不太現代；比起這些長滿苔蘚的老酒，現今的葡萄酒幾乎可以稱為枯燥乏味。麥可想知道是什麼引導了老酒？那些老修士是否只是缺乏現代酒莊主人的專業技能？還是某些工作被遺漏了？修士們保留了詳細的紀錄，因此很容易得知他們對葡萄酒的處理方式。但是，一切都只是激發他更深層的好奇。如果追溯得**更久遠**，直到普法戰爭結束到第一次世界大戰爆發之間時期呢？那些修士是否知道一些我們已經遺忘的事？

這樣的探索很容易變得感情用事且瑣碎。我的意思並非「回歸修士智慧」的說法鐵定會使我的目光開始呆滯。麥可開始以近乎一百年前的做法，生產一款葡萄酒（最終是兩款）。他不打算把這些酒當作「致敬」，當然也不是一種模仿。他不確定這些酒會是什麼模樣，他只是想要進一步**瞭解**。

「若是以羅馬人到十九世紀之間的時間跨度，那麼穿越時空的羅馬人不會對所見感到驚訝。」麥可說，「但是過去一百年裡一切都變了，我們自己的心態也改變了，這年頭我們尋求盡可能地保留原始果香，而我們的方法是在較低溫度之下發酵且不攪動葡萄酒。但是，一直要到了近期，才有技術上實踐的可能。當時引導葡萄酒的想法是**教育**葡萄酒，就像孩子是可教育的一樣；法國人稱之為**育種**（élevage），直到發展到適飲階段，然後再裝瓶。」

他們是怎麼知道的？我問。「他們透過品飲，還有葡萄酒達到其理想狀態的程度來得知。」這聽起來像是一種**熟成**，我說。「對，沒錯；當酒準備好了，到達了釀酒人導引的發展程度時，就會自己發聲。」

因此，麥可回到釀酒不懼怕氧氣的時代。確實，氧氣是不可避免的，所以就適應它吧，將葡萄酒理解為一種**依賴**氧氣產生非葡萄風味的飲品，這是它之所以成為**葡萄酒**而非僅是發酵葡萄汁的緣由。在全串葡萄壓榨法（其創造了水晶般清透的質地）的現代趨勢下，麥可以帶皮進行破皮壓榨；他在不澄清的情況下發酵葡萄汁（前輩曾說過他「在全是**污垢**和培根的情況下發酵」）；他避開溫度控制；他將葡萄酒放在舊的橡木桶中，並經常換桶（rack），以**促進**二級風味，即我們稱之為「醇味」（vinosity）的非葡萄風味，所有作為都是為了複製這種幾乎已經滅絕的古老葡萄酒方言。

除了這些葡萄酒的品質之外，最令我感動的，是我稱之為麥可對**靈魂**的追求。我想我們都懷疑靈魂是（或可能是）被技術排擠了，如果僅是因為被引誘而屈服於機器的簡易性、枯燥的精確度，以及那曾經是我們瞭若指掌的事。每次輕按機器上的開關，都會在自己和葡萄酒之間塗上一層薄膜，有時這是必要之惡。我不想贊同任何一種對於懷舊的好感，但是我喜歡做肉丸，雖然用食品加工器製作肉餡很容易，但我更喜歡動手做，因為我喜歡透過我的雙手知道肉餡準備好了的感覺。因此，我知道如果只是輕按一下開關，讓機器完成其餘的工作，釀酒人很容易陷入困境。

我不會為前技術時代葡萄酒提出任何盧德份子（Luddite）式[20]的理由，也不會認為它們具有懷舊價值，我只是分享麥可對當年盡力釀造葡萄酒的人們之真實面目的迷戀，並創造了一套基於可能和不可能的價值觀。我分享麥可的直覺，那就是，我們可能把靈魂的某些東西放錯了位置，然後在那兒找到了靈魂。我分享這種飢渴，我知道能餵養這種飢渴的東西多麼稀有。當我們擁有的僅僅是直覺時，餵養的就是直覺！直覺無法量化，而不論在一條條我們稱為理解的思縷之間究竟存在著什麼，我們也都無法量化。而那些無法理解之事，我們會以懷疑與嘲弄的語氣稱之為神秘。

關於葡萄酒，我們已有諸多瞭解，其中瞭解最為透徹的就是我們對於葡萄酒的理解有多麼**局限**。酒比我們更加浩瀚，這很完美，這就是為什麼我們終其一生愛著它；如果這可謂之神秘，那麼，**請放馬過來吧**。

20 十九世紀初英國手工業參加搗毀機器的工人。

第四章
三種幽默

在喝葡萄酒的三十年間，我開始意識到葡萄酒中的哪種誘惑最重要。這必須憑經驗，也就是不能接受已經形成的假設，我們必須學會辨認自認重要和真的重要的事之間的區別。對我來說，只要看看自己會為哪些主題爭論，就能明顯看出自己所重視之事。我天生不是動輒吵架的人；我相信我的理由，但這並不排除激情，因此，以下是我最著迷的葡萄酒面向，而我最確信的是，對於理解和欣賞葡萄酒及其在豐富生動生活中的地位至關重要。

我稱之為三種幽默，但也可以稱為三個關鍵，其深深影響我對酒的一切想法和感受，然而，我幾乎從未真正獨立思考過這些（我大部分時間都在思考棒球、性愛和吉他獨奏……我曾經夢想成為搖滾明星），因為我被自我意識癱瘓了，但是當我談論或撰寫葡萄酒時，我發現自己正好主張並捍衛了這三項價值觀。

第一，葡萄酒應表現出其來自特定源頭。

第二，在考慮這項和其他抽象價值時，我們永遠不要忘記對葡萄酒的感性價值做出自發反應，被搔到癢處時請大笑！

第三，我們應該意識到，葡萄酒將我們帶到了語言的邊緣，有時甚至帶領我們到達所知的邊緣。我直覺地確定這是至關重要的，這不僅對我們的飲酒生涯，也對我們的整個生命都至關重要。

這三種「幽默」可被稱為空間性、感性及精神性，彼此的邊界可相互滲透：本質都相互歸屬，都滲透進我們在葡萄酒中體驗到的一切。

第一種幽默：獨特性

葡萄酒為什麼要品嘗其根源？這個問題不是浮誇的修辭性問題，葡萄酒應以風味芬芳的方式表明其特定來源，部分原因是我們許多人都**希望**如此。但是，我們的性情千差萬別，有人聲稱無論手段為何，只有感官性愉悅才重要。感官愉悅至關重要，有時這是適於留意之處，但並非總是如此。葡萄酒能展現某些事的想法似乎讓有些人感到心裡不太舒服。我想表達的並不是用心理學的方式激發動機（雖然很誘人），而是試著回答他們挑戰中的問題。我聲稱原產地風味**很重要**，因此被問及理由是合理的。

在不太遙遠的過去，有很多人說風土——我目前定義為特定產地的特定風味（首先基於土壤）——是大量虛誇又毫無意義的語言。風土並不存在，除了那些井底之蛙會將之當成一種浪漫的想法來敝帚自珍。好吧，這個想法似乎沒有太大魅力。自始，許多新世界葡萄酒商在風土最直言不諱的反對者之間扮演風味的核心因素，或者說希望你認為他們扮演了核心因素，也許他們正不斷發展，也許是打不過就加入他們，或許是有點憤世嫉俗……。

有些飲酒人的動力源於享樂主義，許多情況下他們驕傲地覺得這麼想很實用主義。葡萄酒在他們眼中可以被設計成按下某些愉悅的開關，這些務實的享樂主義者最終（勉強地）同意了風土的論點，因為他們無法合理地否認。但是，即使他們喃喃自語著，**好吧，是的，我想，它們似乎確實存在**，（然後把音量轉大）**無所謂**；風土很可能是真實存在的，但如果它不夠明顯，不能可靠地以盲品嘗出風土，那麼風土到底有多重要？我會告訴你有多重要。

效果微妙並不表示它並不重要，重要與否並不是以明顯與否證明。若是以此論點而言，我同意風土只會透過微妙的顯現，但微妙何以讓它變得不重要呢？不過，這不是關鍵的問題，而我以下將簡短地驗證此問題。我的確認方式比線性更全面，**全面**並不表示**不合邏輯**，只是需要容忍一下稍微流動的邏輯——這對實用主義的享樂主義者來說是艱難的命題。記得我問的是，為什麼這一切這麼重要？這就是我想表達的。

幾年前，我是一場永續農業會議的專題小組成員，我們的主題是地方精神，在討論到最後，我左邊一位美國原住民婦女說的話讓我永難忘懷。「鮭魚不僅會溯回溪流產卵，」她說，「牠們的溯回也是一種向愛牠們之人發出祈禱和希望的回應。」

我認為這個說法或信念很棒，而我也把這句話印在了我的銷售目錄。我認為這句話沒什麼問題，至少能些許以詩意體會。因此，當讀者稱這句話為「矯揉做作的新世紀廢話」時，我感到措手不及。對我這位將此世界視為莊嚴神聖如聖禮的人心中，這是相當普通的一句話，不禁讓我想問為何有人會因此如此生氣。我認清了在我以外，還有其他更有邏輯且平凡的感情存在。然而恕我直言，一旦有人堅持如此，大多數關於「神秘主義」的想法都可以線性概念表達。

不，鮭魚實際上並沒有思考過這件事，**大夥們，我們快點回到河上，因為印第安人在等我們**，沒有人的意思真的是這樣。即使如此，依舊有某些人（與許多人）會有置身於大自然的設想，而這與大多數人所假設面對的是物體客體的關係不同。我沒有與自然**分離**，我是自然的

一部分，就像它也是我的一部分，而我眼前所見的一切都訴說著所有生物都是一體的。鮭魚會「回應」的想法可能是詩意的，但生命基本上相互連結的概念完全合理，這並不表示我不會像鄰座的人一樣把蒼蠅打死，但是認清我們每個離散的生命都是整體生命的一部分，這並不神秘。比起假設我們人類對神靈居住在哪裡和不居住在哪裡已有完備瞭解，我認為有人想相信靈魂或神祇也存乎於鮭魚中，還比較沒那麼令人反感！

我們當然知道生命擁有許多種形式，但我們實在不常停下來想想，人與人之間能長得多麼不同是多麼幸運？想像我們被設計成看起來都符合某種標準化的理想美，一切會變得怎麼樣？每個人都會很吸引人或很有「吸引力」，而且我們所有人看起來都會一個樣。是否有人會懷念過去的美好時光？當時的人有特色、不對稱，有時並不全都看起來那麼正點——但總是獨特且可辨認，**這些特質來自於他們的根源**。我認為葡萄酒能訴說自己的根源更好——不是相較起來好一些，而是本質上更好。因為，如果葡萄酒有起源，那麼我們**亦如是**，每個真實的事物也是如此。能傳達身分的葡萄酒強化了身分的價值，此為我們為何如此在意葡萄酒的部分理由，但並非全部。

儘管我假設所有生物都是一體的，但我不認為這代表什麼美好想像，有時甚至有點不方便。但是，我找不到理由不去相信。因此，根據當地的生活多樣性，將其精神推論到產地並不費力。光、植物、動植物和人，以及人們所做的事——他們的成長、他們所頌揚的、他們的耳朵有多顯眼：所有一切。葡萄酒是向我們傳達其精神的方式之一，這很重要，因為我們實際上**正是連結在一起**——即使我們否認，即使我們沒有察覺——如果我們聲稱葡萄酒在我們的生命中很重要，那麼葡萄酒也必須屬於將萬物連結在一起的千絲萬縷之中。商業導向生產的葡萄酒的存在僅作為產品，與所有類似的商品並無二致，例如汽水、早餐穀片、吸塵器的集塵袋。這些產品可以既有趣又實用，但無關緊要，這些商品無關緊要是因為沒有生命。它們之所以沒有**生命**，是因為這些商品並非來自一個可識別的產地。

地方精神的概念很像一塊好香皂；很迷人、觸摸到時感覺很好，而且該死地滑溜。你知道，它沒有大張旗鼓地用廣告牌宣告：**地方精神，前方五英里處，請依申請證入內**。不是這樣的，它也不一定美麗。紐澤西收費高速公路的北部**充滿**了地方精神，儘管可能令人反感。我認為地方精神會在當靈魂與那個地方之間點燃火花的那一刻出現，而這種結合的前提是不會注意到其正在發生，就像所有帶有靈魂的事物一樣，這是一個推斷的結果。

我舉一個例子。香檳區有一條我喜愛的道路，沿著一條精緻的老榆樹小巷，通往達默里

（Damery）的馬恩河谷（Marne）：法國森林最茂密也最寧靜的所在。一開始我認為如此寧靜的風景產出如此活潑的葡萄酒是很奇怪的，但是後來我意識到，香檳區的活力不僅因為景觀的呼喚，而是出於九月初清新的夜晚和六月涼爽的日子，以及似乎很少暖烘的北部黯淡陽光的聲音。香檳區的靜態酒很少像年輕的麗絲玲或蜜思嘉（Muscat）一樣鮮明，它們是淡彩、水彩畫般、內斂薄紗般的，加入氣泡會變得很活躍，但並非天性如此。

香檳區的酒農迪迪埃．吉蒙內特（Didier Gimonnet）告訴我，某名葡萄酒作家一直纏著他，希望他以其一片超過八十年歷史的葡萄園，特製一款極濃郁酒款。「我絕對不會這麼做，」他堅持說，「因為這種酒力道太強了。」**但是，他要的就是這個吧？**我想。那不正是我們這個歪曲世代葡萄酒應有的模樣嗎？濃郁、不透明、力道與風味都強到能使磚頭碎裂！不，吉蒙內特說：「我認為香檳區的酒需要一定的透明度才能優雅。」然後他就找上我了。

這裡的美感與溫柔香檳區景色相應。低矮山丘、鬱鬱蔥蔥的山頂森林與平原，並非注定為了創造強壯濃郁酒款而存在。我們也許會這麼要求，但我們太沉醉於感官衝擊的渴望，而忘了如何識別**美麗**。而誰又曾側耳傾聽土地發出的聲音呢？

難道，這也是微不足道的嗎？舊世界葡萄酒能召喚我們的原因之一，就是這些土地**會發出**

嗡鳴聲，一股在骨頭深處的振動，尤其是如果你是不習慣這種體驗的美國人，這種嗡鳴聲在各位來到這裡前已經存在了好幾世紀。它的存在不是為了我們能夠理解。它是神秘的，而我們是暫時的，但它將我們與好幾世代浩瀚的流動時間連結，而我們將以一種無法觸碰的意義打動。

對美國人來說少有如此感受，每一位美國人都可謂頂著造物的皇冠，我們創造了人類整體的概念，在此之前世界空無一物，或是沒有什麼值得記住的事。記憶不過只是重擔。我們如同遊樂場的惡霸，用四處找人打架的姿態面對世界。「你**今天**準備了什麼來取樂我，老兄？你要如何打動我？這一天值得我打**幾分**？」噢，也許我們小小的土地擁有自己的嗡鳴聲，但即使如此，也幾乎沒有美國人想知道如何聆聽那個聲音，而且大多數人根本質疑聆聽此聲音的價值。對於我和我的同胞來說，產地的風味是讓我們停泊的錨，而我們是多麼需要這個錨呀。

地方精神是否完整存在於某處，還是由我們寫入的？答案都是**肯定**的，我們是自身經驗的一部分，如果我們點滴收集地方精神的存在，那麼它之所以存在，部分**原因**也是我們的點滴收集——有人可能會說我們將其帶入了意識之中。我想要強調的就是這一點。靈魂會記錄，但不會改錄，因為我們是自然的一部分，所以發生在我們身上的事情也發生在**自然**中，這是不言而喻的。由此，人們會根據自己的好奇心和氣質向前冒險。我更願意相信地方精神表達了我們自身，是因為**大自然希望如此**，因為大自然中發生的一切都是某種——接下來我要說出危險的字眼了——設計。不是宗教勢力試圖挑戰達爾文而說的那種「設計」，而是一種我們人類能察覺到的存在和經驗的定序，這也是同我（self-same）設計的一部分。

這種設計是否有可以簡化成我們信仰意識或僅是智力娛樂的目的？如果我選擇相信沒有目的，那麼就沒什麼還需要思考的了，一切都是隨機且毫無意義，而我們不如就開始看看電視吧。假設事情並非僅是偶然，而我們至少收到了**繼續思考**的邀請。

我們該怎麼知道葡萄酒是否表達了地方精神？其實這比聽起來容易許多。明確地說，葡萄酒在葡萄能夠**繁茂生長**時就已經能表達了自身的起源，並且告訴我們它是幸福的，它訴說著：「這是我的家鄉。」我相信，當一個葡萄品種清晰表達出色的複雜性與和諧性時，我相信我們會嘗出它的繁茂。好幾代葡萄酒農歷經數百年的反覆試驗和試錯，以瞭解哪種葡萄能製作出他們土地上最好的葡萄酒，只要一口，我們就立即嘗得出來。最高貴的葡萄對它們稱呼為家鄉的地方要求最為精確，種植在異國土壤的葡萄會變得悄然無聲。麗絲玲種植在比自身喜歡的氣候更溫暖或土壤更肥沃的土地上時，可釀造出一種喧鬧且果香濃郁的酒款，大多數人都會排斥，認為這種酒沉悶或煩膩。安茹（Anjou）和都漢（Touraine）產區以外有釀過好的白梢楠嗎？內比歐露（Nebbiolo）一踏出了皮蒙（Piemonte）將無法繁茂生長。我甚至會認為嚴格說起來，夏多內只能生長在它的家鄉夏布利（Chablis）；可能也可以在香檳區，因為這似乎是唯一天生有趣的風土，且不需要橡木桶煎餅般厚厚的粉飾或其他控制風土的操弄。

當葡萄藤生長在家鄉，它會安頓下來並開始傳達，我們會「聽見」它們傳達的風味。像麗絲玲這種能自然表達的葡萄會發出清晰的土壤訊息，一系列盛大的果香、花香和石頭味道的細微差別，其風味始終如一，獨特且年復一年地重複，僅因當年葡萄成熟的天氣而異。酒農骨子裡都知道它們的風味，他們不必等待成為葡萄酒之後才能檢測風味；他們可以從葡萄果汁就嘗出來。他們可以從**葡萄本身**嘗出來。無須向這些人講解地方精神，這種精神滲進他們的生活之中。他們對於地方保有在地精神的假設，本來就是其精神的一**部分**。

地方精神蘊含了一種邀請。當摩塞爾河酒農威利．薛佛工作時，他會以篤定的態度確信鐘塔園（Domprobst）的風味是一種，而天堂園（Himmelreich）則是另一種。他並非用抽象的方式思考——他距離這件事太近了——但是如果你問他，他會說他喜歡泥土以**各種**方式表達自己，他還會意識到自己在世世代代中所處的位置，世世代代的人曾經耕種過這片土地，這片在他之前就存在的土地，並將在他離世後繼續存續，並且始終以相同的方式賦予相同的風味。威利在自然占據一席之地，照顧著他的葡萄藤和土壤；他永遠都不會夢想自己有凌駕自然的統治權，或者認定葡萄園只是一個願意遵從他意願的生產單位。他的葡萄酒保有獨特的風味，因為這些風味**本來就存在**，而他只是完成它。他又怎麼會有別種做法呢？

當他品嘗自己的酒款時，會因每種獨特的細微差異而著迷，當我們喝他的酒款時，我們同樣也為之傾倒，一起相互陶醉，他迷戀他的土地，我們迷戀他，我們也因此與他的土地連結在一起。其中沒有任何一件事是「神秘的」！獨特的葡萄酒會將我們建立在彼此連結的意義上，大自然面前的謙卑是有意義的，與大家建立連結是有意義的，與我們過去不知道的地方的連結是有意義的，因為它激發對遠方和美好多樣性事物的夢想和渴望。

但是，地方精神不僅存乎於細節。摩塞爾河，那條清澈的小河，流過它幾乎不可能流過的陡峭山坡上，然後形成的峽谷。那裡的人民很保守，他們在陡峭的斜坡上汗流浹背地辛勤工作，保持謙卑和愉快。他們是北方人——儘管全球暖化——但他們習慣了振奮緊繃的生活方式，他們的酒也透著振奮緊繃的感覺是偶然嗎？若堅持這純粹是巧合，我打賭你從來沒去過那裡，如果你去過那裡仍看不出來，那麼海關一定沒收了你的想像力。

我們需要葡萄酒訴說明確的話語：「我來自**這個**地方，只有這個地方，而不是任何其他地方，只有此處才是我的家。」這樣的葡萄酒讓我們降臨那些地方。如果我們已經在那裡，那麼它們將鞏固我們在那裡的現實。我們需要知道自己在哪裡，如果不這麼做將**迷失**自我。

我沒有時間浪費在加工過的葡萄酒，這種酒的味道好似可以來自任何地方，因為它們確實沒有出處，也無處能帶我去。我們渴望地方精神，是因為我們需要定位自身，這使我們確信自身屬於宇宙，我們想要自己的軸承，我們想知道家在哪裡。我們可以否認或忽略這份渴望，但是當我們想知道為什麼自己會如此想家，為什麼我們永遠不會感到完整時，這份渴望會無情地扒淨我們。

或者，我們可以宣稱世界存乎於四處，我們可以聲稱愛存乎於山丘和藤蔓、於樹木、鳥類和氣味，於建築物、烤箱和人類的眼中，也存乎於把這世界當成家的萬物，並呼籲我們做同樣的事。葡萄酒的價值，除了帶給我們感官上的愉悅，還存乎於它向我們展示的——不僅是它所處的山丘和河流，還是回家的路。

第二種幽默：樂趣，以及為何樂趣從我們身上逃走

二〇〇八年，我要過兩個令人不安的周年紀念日：認真喝葡萄酒三十年，以及從事葡萄酒業二十五年。隨著這些日期的臨近，我開始懷疑喝酒的時間愈長，飲酒的樂趣就愈少。

我認為這不一定是因為我們倦怠了，而是因為我們為自己選擇的葡萄酒種類：**真誠的**葡萄酒，象徵著「嚴肅」或「熱情」態度的葡萄酒，吸引我們全神貫注的葡萄酒。這種現象的比喻之一是稱之為餐廳酒單的產物，如果你要為這一桌點酒，這表示會有連續幾分鐘——通常是連續許多許多分鐘——你會完全無視你的客人。這份酒單寶典堅持我們必須專心：**這都是為了葡萄酒**，你懂的。

許多葡萄酒專業人士一開始都是葡萄酒愛好者，因此我們一頭栽入這個產業，因為憑藉我們反正一定會一頭栽進的事來賺錢似乎很有趣：執念於葡萄酒。在我生涯早期，我的「工作」與我私生活中的葡萄酒彼此沒有界線區別，對我來說是一種甜蜜的感覺，但對我周圍的人來說，我的事業肯定似乎是二十四小時全年無休。

幾年前，我開始看見分叉路口。當我在家中飲用葡萄酒時——單純喝酒，不是品酒，或從

專業角度「評估」或評價葡萄酒——我會想要有一些**娛興成分**，最好是不同於「工作時」的葡萄酒。至少，我希望有一款能完全令人滿意但不一定要求嚴格的葡萄酒。這種酒是什麼酒？我的目錄已經包含這些酒了嗎？我工作上包含這些酒了嗎？如果沒有，**為什麼沒有呢？**這種感官自發地覺得**好喝**的葡萄酒，它代表了什麼？

我深知葡萄酒可以是很重要的，它可以成為文化的體現，它可以是意義的使者，是通往神秘的門戶。但如果葡萄酒必須始終莊嚴又重要，那麼生活就會變得很嚴厲艱難。以下敘述體現了葡萄酒還能代表其他種意義。

五月初的正午，我造訪了奧地利瓦郝（Wachau）的酒莊 Jamek[21]。當地除了酒莊外，還有一間古老的餐廳，該處因為是聯合國教科文組織的美食遺產而享有很高的地位。有人問我是否要坐在戶外品酒？「這是我們在花園裡擺桌的第一天。」所以我照辦了，我獨自一人，帶著超強警覺力地一個人獨占一桌。在 Jamek 酒莊，總是會在餐廳的某處開始品飲酒款，彷彿強調著葡萄酒、美食和區域性之間的連結。花園裡會慢慢地充滿人，人們會在花朵、黑鳥和樹木間的柔美春日中，停下腳步來享受生活。有些人帶了他們的狗，狗兒會像乖巧的歐洲狗一樣

21 指 Josef Jamek。

很配合地躺在桌下。我看著送上的食物和葡萄酒，一邊想著**葡萄酒在這裡扮演什麼角色？它屬於什麼？**葡萄酒專業人士是否曾想過葡萄酒如何融入我們生活的其他面向，或者對我們來說葡萄酒僅僅就是葡萄酒？

在春日的花園中看到葡萄酒宴沒有什麼好大驚小怪的，因為這個世界充滿了啁啾鳴叫和春暖花開，而人們正吃著沙拉、炸肉排和梭鱸魚。無論**我們**執念多深，葡萄酒會善盡它親切可人的本分，帶著料理進入人們的肚中，並點亮人們這一小時的生活。

一年的奧地利品酒之旅結束後，我投入大量精力並寫了很多品酒筆記，我到阿爾卑斯山待了幾天以釐清思緒。很多時候，寫品酒筆記的需求是很擾人的，就像停下來描述一隻剛剛因為你扔了棍子而暈眩狂喜奔跑著的狗，這隻咧著嘴笑的野獸跳躍著奔跑回你身邊，在牠流著口水的口中叼著一根覆滿了口水的巨大棍子，牠看著你，彷彿心中幸福的每一道火光都取決於你再次扔出那根棍子，但你正在做什麼？你在寫筆記！放下筆，扔出那根該死的棍子，老兄！

我在 Jamek 酒莊的朋友們給了我一瓶小粒種蜜思嘉（Muskateller）酒款，因為他們看到我很喜歡。到了山中，我把下午的時間用來健行，享受我無須思考的孤獨無憂。我吃了一頓簡單的晚餐，然後以一瓶不太有把握的藍弗朗克（Blaufränkisch）將菜肴送下肚，並回到房裡。太陽沉落了，山峰在晚間的琥珀色中小憩，我有那瓶小粒種蜜思嘉，於是下樓要了一個酒杯，我把酒杯拿到樓上，坐在我的小陽臺上，大口飲了一口似乎封存著愉悅山間空氣的葡萄酒。最終我捨棄了酒杯，直接用酒瓶喝酒。那些時刻是完美的：葡萄酒不會自滿於占據我的全部注意力，只是與我相伴。

你知道，遇到一瓶整晚都在談論自己如何「偉大」的葡萄酒可能會使人厭煩。一支真正偉大的酒款會迫使且保證所有關注都來自飲酒之人的自願給予，但是每一款崇高且表達能力清晰的葡萄酒一旁，就會有幾十個喋喋不休和無聊的酒款。

我們冒險揮霍享受簡單事物的能力，因為我們似乎需要堅持認為簡單僅只是簡單，或者簡單事物對我們來說代表不夠好。複雜的偉大葡萄酒令人讚嘆，令人陶醉，證明人生，振奮靈魂，但值得一問的是這種酒是否令人**放鬆**。簡單的葡萄酒是好酒，簡單的葡萄酒好在它針對的是我們玩樂、悠閒、安適的精神，這正是因為它們不需要獨占我們的關注。

有一年夏天，我在舊金山認識了一個朋友，我們逃學，在馬林海岬的懸崖上野餐，坐在那裡看著鵜鶘跳入太平洋。我們喝了一瓶 Bardolino 粉紅酒，但沒有酒杯。沒關係！那瓶酒很快見底。我的同伴是個「酒友」，我們卻沒有聊到那支酒，然而，我們各自的大腦邊緣系統幾乎動物性的愉悅層面結為一體。

在這樣的時刻發生了什麼事？葡萄酒必須夠好，讓你無須考慮就可以信任它。這是一個點燃火光的微小時刻──是的，這很棒──然後我們再度回到自己的人生。偉大的葡萄酒會太打擾人，但是全然的**好酒**很完美理想。

我不時會帶客戶去奧地利，這些旅行必須小心籌畫，當人們仍感到疲倦和時差時，會無法承受太多嚴肅的酒莊之旅。因此，在某次這樣的旅行的第二天，我帶領這個團體去了Hans Setzer和Erich Berger酒莊，並在此過程中學到了教訓。這兩家酒莊都釀造出魅力十足的葡萄酒，衡量它也並不會消滅其品質層面的意義，因為它擁有另一種美學。我突然發現自己陷入某種咒語：「這些葡萄酒，不管它們是什麼，都很**美味**。」

美味，誰還會用這個詞彙談論葡萄酒呢？一個漢堡可能很美味，但是Gigondas產區的酒很美味？是什麼使葡萄酒美味？我們可以抽出哪些元素嗎？我們甚至應該嘗試釐清嗎？

我相信我們應該嘗試不要透過仔細分析殺死一款酒，而應該思量這樣的美味應得的價值，而少去思量得到的價值。我主張美味的第一要素是**魅力**。

在所有的美學價值中，魅力也許是最危險的。我們郡的地區性公園有一座小小的旋轉木馬，我喜歡在長途步行中停下，看著小朋友在彩繪的馬匹上旋轉。一週前，我注意到他們已經捨棄慣用的汽笛風琴音樂，取而代之的是——上帝保佑我——迪斯可音樂，真是該死的**大錯特錯**，所有三、四歲的孩子都會聽著〈我會生存下來〉（I Will Survive），一邊騎著旋轉木馬，是因為汽笛風琴音樂太傻氣、不流行？還是什麼其他愚蠢的原因？

魅力是最高價值之一。魅力之於人代表一種行為的努力，藉此能感到被欣賞和被照顧。之於葡萄酒或音樂，它會創造出一種可觸知的愉悅感，我發現這種感覺比其他享有較高**名望**的感覺更令人愉悅。當然，我內心的確有個地方被擊倒、被驚奇、被驚呆、被打動，但是這些都不及被魅力迷住般令人愉悅。同時，魅力是一種靈活的價值，能夠存在於宏大的酒款、中等酒或小巧的酒款中。我偏愛這種魅力的特質，因為它似乎很難簡化為方法，任何擁有尋常才華的酒農都可以釀造出強烈的葡萄酒，但是要釀造出迷人的葡萄酒，與其說靠配方，不如說靠直覺，要注意無數微小的細節，同時還要始終知道自己的酒款不會是桌上最主要、最活躍或聲量最大的葡萄酒。相反地，它迂迴地滲入，潛入某種氣質並演唱抒情的歌曲，這就是我們賴以生存的樂趣。

我會不會過於誇大？魅力並非那麼難以辦到；只需在低溫下用香氣酵母發酵即可獲得甜香蕉的香氣，並殘留一點剩餘糖分，也許將一些蜜思嘉加入維特利納（Veltliner），**轉眼間**這就是你的魅力所在。並非如此。真正魅力的愛好者不會被那種似是而非的華而不實或公式化的誘惑所吸引。想要得到魅力，酒農必須注意**質地**，甚至加倍努力以不同的方式處理風味：不是含有多少風味，而是風味有多**怡人**。

僅僅是矯揉造作的魅力的確是可憎的，且這種假冒太容易被發現，意識到被誘惑之時，通常會開始排斥誘惑！真正誘人的葡萄酒會燃起自發且無可抗拒的愉悅感，其純粹的美味會點燃一陣興奮的動物性愉悅。

針對這一點，我必須暫且思考一下為何我會有點擔憂此觀點有自我證明的疑慮。身為葡萄酒專家，我耗費大量時間評估葡萄酒：這款酒夠格嗎？值得嗎？此外，我耗費大量時間描述葡萄酒，這通常涉及某種針對其成分的剖析。這些都不是例外，畢竟專業人士的工作就是跟葡萄酒**打交道**。但是我擔心我們，無論是專業人士或業餘愛好者，**致力**於葡萄酒都會陷入危險。這種可悲活動的知名例子就是評分，我將儲備精力在下一章討論這個太容易針對的目標，不僅點出所有評分系統的固有局限：這些系統無法表達如何對待葡萄酒，只能表達如何「評判」葡萄酒。

在一天與葡萄酒打交道的工作結束後，到了晚上，我想要一種能夠讓我放鬆下來的葡萄酒，一種美味可口、好相處的葡萄酒。我們每位同行都知道——或應該知道——最成功的葡萄酒並非總是得分最高的葡萄酒，而是品酒師在品酒後會喝的那種葡萄酒。「最好的葡萄酒就是最先喝光的那瓶」，這是一句明智的諺語。

我朋友埃里希·伯傑的葡萄酒屬於典型意義上的**幽默**，優美而愉悅，合群且歡樂。想像一下，通常當我們為了「慶祝」而喝葡萄酒時，我們會忘記我們實際上在慶祝什麼，而最後變成在慶祝葡萄酒。誠實地自問，你應該會知道這是千真萬確的！但是無論如何——你的小說出版了、週年紀念日到了、切片的結果都是陰性、電腦修好了、終於被資遣了——難道不需要一款不會把注意力從一開始的理由吸走的葡萄酒嗎？如果想喝偉大的葡萄酒或最偉大的葡萄酒，那就好好慶祝這款酒，否則，就喝點擁有慶祝精神的葡萄酒吧。

如果我們改變對葡萄酒的看法，偏愛有用又好相處的葡萄酒，就會發生有趣的事，葡萄酒會離我們愈來愈近，會成為動態關係中的夥伴。當我們考慮在酒窖或在生活中要用上哪種葡萄酒時，會發現我們的想法變得更加普遍。我們欣賞「水準」範圍更廣的葡萄酒，我們不再堅持，而開始接納。我們不再忽略自己的人生，從頂點巔峰向下看，尋找「最好的酒款」。我們開始考慮要吃什麼，要**如何生活**；一年中，我們要在什麼時間點喝哪種酒，我們與誰一起喝酒：簡而言之，我們會用實際用途來思考葡萄酒，我們讓它自然而然成為一個樂於協助的存在，陪伴我們，也讓我們放鬆下來。

想要知道什麼是自己**真正**的需求，直接看看經常購買了些什麼。再提一下奧地利，我相信奧地利最好的葡萄酒是麗絲玲，但奧地利的綠維特利納（Grüner Veltliner）對我來說，肯定是更實用的葡萄酒，因為我總是不禁將手伸向這個品種，而且總是喝光。對葡萄酒的嚴格評估的確有其必要，偉大的葡萄酒在我們靈魂之中也確實具有非常崇高的地位，但是我懷疑我們對於崇高的經驗過於貪婪。我喜歡引用阿內絲·尼恩（Anaïs Nin）[22]的話：「當心神秘深奧的愉悅，因為這種愉悅會鈍化我們對普通經驗的欣賞。」我們希望世界為之撼動的渴望是一種過濾，排除了如此迫切要求的特有經驗以外的一切。一旦能夠平靜，偉大的葡萄酒就會不請自來，在那份平靜之中，各位將在愉悅、美好和有魅力的葡萄酒中找到新生的（可再生的）快樂。

因此，我們將在地葡萄酒的價值視為真實性和意義的標誌，並且將葡萄酒視為樂趣和愉悅

22　知名美國作家，出生於法國，作品多帶有法國式的超現實主義風格。

的媒介，剩下的就是看看葡萄酒最奇異的能力：引出費解之事。我們藉此前往想像中的邊境，而現在正是該去探索的時刻。誰？什麼東西居住在這裡？這裡呼吸什麼樣的氧氣？

第三種幽默：對未知感到自在

二〇〇七年一月開始，華盛頓特區發生的一件奇怪又令人不安的事情，我們就從這裡說起吧。這個故事由令人驚嘆的傑納．溫加騰〔Gene Weingarten〕[23]執筆，於四月初在《華盛頓郵報》上發表，那是一個早晨醒轉的我們會看看未開展的枝葉上是否有新雪的日子。

偉大的小提琴手約書亞．貝爾（Joshua Bell）在早上通勤尖峰時段的特區地鐵站以街頭藝人的身分表演，似乎只是為了看看路人是否會注意到這非凡的存在。當時幾乎無人停下聆聽貝爾的表演，許多人甚至覺得被打擾般地厭煩，我想各位應該不會對此結果感到訝異。是的，當然，這表演是暗中安排的。在某種程度上，我們的生活的確令人麻木，尤其是在放空出神的上班途中，手裡拿著一杯拿鐵，耳中塞著 iPod 耳機，我們無法指責那些沒注意到的通勤者

23 《華盛頓郵報》的美國聯合幽默專欄作家，獲得普立茲獎的記者，也是唯一兩度獲得普立茲特稿獎的人，以嚴肅而幽默的作品而聞名。

（用安妮・拉莫特〔Anne Lamott〕[24]的妙語來形容的話）是毫無價值又俗氣的人渣，他們只是忙碌的無人機，他們已經接受了大部分的生活——**我們的**生活——都依靠著自動駕駛。不過，為什麼我要告訴各位這個故事呢？

本書討論的是一件我們都不需要的商品，我們不喝酒也可以過生活，或許不願意，但是我們依舊可以繼續生活。即使如此，我們依舊以許多方式關心葡萄酒。至少它能帶給我們感官上的愉悅，也有人因其多樣性而產生好奇心，還有人更看重葡萄酒在文化和歷史層面的角色。還有一些人在體驗到極美的葡萄酒時，會開始沉思美學體驗的意義，而我們進一步會對於因美麗所喚起強烈情緒而感到好奇。在這方面，葡萄酒是奇特的。當然我們也可以在食物中找到並欣賞到美好的滋味，但其中混雜了食慾，然而我們鮮少因為口渴而喝酒。

我對於我們與美感建立關係的方式感到好奇。我也發現某些人並未形成這樣的關係。我同時也很想知道當生活環境或設計缺乏美感時，我們要如何生活。

我懷疑我們對美的渴望比自身所知或承認得還要飢渴許多。期間的差異就在於我們對需求

24 美國小說家和非小說作家，也是一位進步的政治活動家、公開演說家和寫作老師，作品以自嘲的幽默和開放性為標誌，涵蓋了酗酒、單親媽媽、抑鬱和基督教等主題。

的**覺察**與否。此時，個性一樣扮演了重要角色，我不會覺得自己異於常人地敏感是因為特別優秀或高人一等，而是因為我生來個性特質如此。如果你的個性與我不同，那麼我絕對不會強逼你裝出美感高潮以證明你的敏感度。但是，我相信我們對於美有普世共同的渴望，這種渴望因日復一日的鎮靜效應而從我們身上被驅逐。

我也對此深信不疑：無論我們多麼珍惜或不珍惜生命中的美，在某個時刻，我們都會後悔生命中沒有更多的美。

對我而言，葡萄酒一直以來都帶來非同尋常的純粹之美。在這方面它近似於音樂，亦即它帶給我們的感動不依賴敘事，也並非依賴激起我們的同理心，從這個意義上講，它可能比音樂更純淨，音樂通常被設計為產生某種情感。葡萄酒是以水為形式的音樂，由於它是一種未受破壞的美麗輸送通道，我會以一種非常特定的方式來尊重它，我甚至認為它需要被保護，因為葡萄酒太容易在酒窖中操弄，也太輕易地在客廳縱情著迷。能像葡萄酒以這樣純粹的方式向我們傳達美的事物並不多。

然而，追求美的生命在特定的神經疾病方面十分脆弱，它會迅速增長且難以珍惜。探求美是驅走美的好方法，堅持以多有技巧地把玩美感，或多快速地開啟淚線來衡量葡萄酒，是再累人不過了。有些葡萄酒異常生動，要求飲者的注意力（大多數時候，我也非常感激且恭敬地奉獻我的注意），其他時候我只想要一同和平相處。有令人讚嘆又引人入勝的葡萄酒，還有「讓我來陪伴你」的葡萄酒，兩者我們都需要。

偶爾在一些重要時刻，會有像那赫（Nahe）產區的偉大釀酒商赫曼·杜荷夫那樣的葡萄酒，這種酒就像約書亞·貝爾在地鐵當街頭藝人一樣為你演奏；他們打開一扇門，但沒有輕拍你的肩——他們只是把門打開。如果各位開始**意識**到可能性，就會注意到那扇門；如果各位感到好奇，就會想知道這扇門會開向何方。

但我先說點題外話，這些道路其實蜿蜒曲折又長滿苔蘚……。

如同大多德國酒的愛好者一樣，我也喜歡Auslese[25]等級酒款，這還不太算是甜點酒，並且能展現葡萄成熟的本質。我買的比喝的多，這種酒堆積在酒窖中，在有飢渴朋友造訪和很多起司的時機會用得上——某年聖誕節前夕兩項前提一起達成，每一小口食物都喝掉我許多熟

25 Auslese 等級為德國晚摘葡萄酒術語，專指德國及奧地利地區比晚摘酒更成熟的種類。這些葡萄於秋天時在非常成熟的狀態下採收，並一定要以手工採摘。一般而言，Beerenauslesee 等級酒款只可在特別暖和的豐年釀造，可能有小部分葡萄受到貴腐菌感染，但不會影響整體的風格。

成的 Auslese 酒款。

這些酒款非常好，所有的酒都活躍又清晰，其中一些令人興奮又迷人，然後我打開了一支Dönnhoff酒莊的酒，一九九〇年的「Niederhäuser Hermannshöhle Auslese」。遊戲規則是我們（或更精確地說是**他們**）以盲品的方式品嘗第一口，不猜是哪款酒，僅僅是以沒有身分干擾的情況下接收酒的訊息。當這種酒倒進杯中時，我看著某種咒語降臨至我的朋友們身上，我並沒有特別計畫，也不認為這種酒款比其他酒款更好，但是喋喋不休的聲音漸弱了，人們從機智又善於交際，轉變為沉思。

葡萄酒裡的什麼特質，能帶來這種稀有又奇異的短暫時刻？我開始覺得這個問題極為重要。當葡萄酒具有如此的洞察力和探測力時，它似乎能找到其他方式找不到的東西。

我們都會遇到枯腸難尋適當詞彙的時刻。有句話說，我們應該對缺少文字的事物保持懷疑，我猜想這是真的，但不可能是全部的真相。話語可能不存在，但有別的**事物**存在。凱綏·柯勒惠茲（Käthe Kollwitz）[26]許多令人心痛的作品之一叫做〈囚徒聽音樂〉（Prisoners Listening to Music），我們能在畫中看見苦難之人試圖忍受神性。我們假設美已經從他們的生命中消失

26 德國表現主義版畫家和雕塑家，二十世紀德國最重要的畫家之一。

了，但在此處，美恢復了；他們的面容害怕、猶豫又驚奇，因為他們也許是首度看見活在他們每個人心中和我們每個人心中的小小修道院。

許多酒款都傳達了這些時刻。有些酒款在不彰顯自身時便展現了這樣的特質，展現了喜悅和寧靜之間、光彩與光明之間濃淡交界的曖昧。我品嘗過這些酒，我希望你也喝過。這類葡萄酒有時會有些令人費神，因為它們不想被抓住也不想發聲，甚至似乎無法安排它們，而且這種品質會混淆飲酒之人，這些飲酒者喜歡剖析一款「製作精良」的葡萄酒是怎麼釀造出來的。

最近，我喝了那赫產區 Schlossgut Diel 酒莊的絕佳酒款；那是二〇〇六年份的「Goldloch 'Grosses Gewächs'」，其各方面都令人讚賞，帶有活潑的礦物味和偉大 Goldloch 葡萄園的奇異果香；這款酒超級均衡、美味且精緻，它表現出關懷和智慧，並帶來可口的喜悅。它完全可以觸知，而且所有令人愉悅的面向都是如此鮮明。

幾個晚上後，我收到來自奧地利的 Nikolaihof 酒莊二〇〇五年 Steiner Hund 葡萄園的麗絲玲，它再度衝上了難以撼動的地位。當然我可以撰寫一篇品酒筆記並將其拆解，但酒中有些東西難以捉摸。Diel 酒莊的酒很豐富，而這款酒則很寧靜。Diel 酒莊的酒複雜而美味，這款酒精緻而神秘。Diel 酒莊酒款的風味輝煌閃耀，Nikolaihof 酒莊的酒款則如搖籃曲。我可以繼續說下去，冒險讓自己看起來很蠢嗎？Diel 酒莊的酒款美到令人暈眩，而 Nikolaihof 酒莊的酒款則以其冷靜、振奮和恬靜自給自足，沒有主張什麼，卻傳達了一切。正是這種幾乎是神秘怪異的自我，製造出如此奇特又引人入勝的渴望。其間居住著什麼動物與植物？這支酒希望我們看到什麼？為什麼當我如此亢奮時，這支該死的葡萄酒會如此冷靜？

這絕不是要中傷那些刻意明確傳達自我的偉大好酒，遠不是如此。但是這樣的酒會**找上你**，它們不是模棱兩可的，也不說著建議或暗示；它們直截了當。它們都是偉大的酒，當然也表示是非常好的酒。

我想回頭談談 Dönnhoff 酒莊的酒款，我認為他的葡萄酒幾乎沒有例外。這些酒很難研究，因為它們不固定，太忙於動人感傷。它們不會從任何特定角度向你猛刺；而是邀請你進入一個更大的網絡，網絡中包括它們自身，但不僅止於自身。Diel 酒莊的 Goldloch 園酒款是一座宏偉纖細的哥特式大教堂的塔樓，爬升到一定高度，眼睛就能望向天空。但是，當我想到 Dönnhoff 酒莊的酒時，我會聯想到附近祥和的小修道院，以及在隱蔽的空中生活的從容鳥兒們。

這與質地有關，但不僅與質地有關。我不知道赫曼．杜荷夫是否會認可其中任何一項說法——我猜他會認為我的腦子有洞——但我也不認為有任何公式能解釋他的葡萄酒。當然可以試著解釋；可能是採收挑選、壓榨方法、酵母選擇、發酵溫度、陳年容器選擇，酒窖溫度，以上皆是，以上皆不是——以上皆是也以上皆不是？還是我們只該單純地承認一款如此超自然光滑順口的葡萄酒能夠包含這麼多的訊息？

然而，這並不是可以回答你我問題的資訊，相反地，它將點出了它是更加不可思議的葡萄酒，因為這種酒很少被我們稱為「強烈」；它不會產生巨大的影響，但是會以一種無法識別、分離出或解釋的溫柔感包覆。

這種葡萄酒有種令人愉快又好相處的特質，不僅對著感官訴說；而是對著**生命**訴說，彷彿幾乎不帶感情。它們本身很安詳，缺乏氣勢和幹勁而顯得神秘，這些都應該是我們愛葡萄酒的原因，但我們實際上卻很少因為這些理由愛著葡萄酒。我們忙著決定將我們的愉悅置於某個規模上，並深鎖在獨立的禁閉空間中。這都是我們自己造成的。

我品嘗過Dönnhoff酒莊的酒中，從未覺得任何一款酒讓我興奮或感官被「娛樂」，它只是表達了自己的純正誠實，沒什麼想要證明什麼。我們會幾乎無法相信它存在，因為沒有衛星導航可以帶我們到達那裡，也沒有可遵循的配方來創造**那種**成果。這不像抵達，不像勝利、戰勝或統治；它以某種奇怪的方式出現，像是呼吸或做白日夢。在威爾斯（H. G. Wells）[27]的迷人小說《波利先生的歷史》（*The History of Mr. Polly*）結尾中，這位英雄一生都在宣揚和主張意見，最終學會知足常樂，我們發現他「與其說是思考得來，不如說是迷失在頭腦的平靜無聲之中。」我認為，當我們回首自己的人生時，就會知道那是最幸福的時光。

然後，還有另一種看待方式。「森林」的概念不同於「很多樹」的概念；「許多單獨的音調和音高以井井有條的方式排列」，這概念在本質上與「音樂」的概念不同；「風景」的概念亦不同於可能包含其中的丘陵和河流。有些葡萄酒存於總體之中，蘊含的不僅更廣大，甚至擁有許多單純總和**之外**的東西。然而，葡萄酒似乎經常會訓練我們審視且沉浸於部分之中，當某些葡萄酒伴隨它們的總體發光時，我們卻從未被教導該如何應對。這種「總體性」非常真實，幾乎無從解釋。

某年 Dönnhoff 酒莊與我必須協商一些事，為此我二度造訪。第二次前往時，一位同事和我同行，赫曼拿出葡萄酒讓我們品嘗，我不加思索地把酒喝過，忙著談話，就像通勤者那天

27 英國著名小說家，新聞記者、政治家、社會學家和歷史學家。他創作的科幻小說對該領域影響深遠，都是二十世紀科幻小說中的主流話題，科幻作家布里安·阿爾迪斯將威爾斯稱作「科幻小說界的莎士比亞」。

早上沒有聽到約書亞．貝爾在地鐵演奏裡一樣。但對我來說幸運的是，有支酒趁隙而入，突然間我被沉默侵襲。那是一個微小又可愛的時刻，一點也不戲劇化，但這個時刻向我問了一個我希望記住的問題：**它蘊含了什麼？**

我太太喜歡記住自己的夢境，我覺得這很可愛，但我與她不一樣。我們的潛意識一直在嗡嗡作響這件事似乎再正常不過了，只有當我們的清醒意識不擋路時我們才能看見夢，就像我們只能在黑暗的天空中看見星星一樣。但即便看不見，星星也始終在那裡，就像即使沒有做夢，夢境也一直在那裡，某種對著夢境、星辰和美訴說的葡萄酒也始終在哪裡。

我喜歡**地中海葡萄酒**（vini di meditazione）這個說法。有一種輕快散個小步的葡萄酒，還有一種靜坐不出聲的葡萄酒。外出健行時，在走了一會兒停下來喝水的時刻，世界會重新排列起來，突然之間，你會看到樹葉飄揚、青草舞動、生物啁啾而鳴，這些都是在家時沒有留意到的，你會這麼高興真是有趣，正如威廉．斯塔福德（William Stafford）所寫的：你擁有的只是全世界。

事實上，我不知道為何某些葡萄酒會如此，我不知道原因，而且很確定即使我真的知道，我依舊無從得知這些酒款如何達到此境界。我確實知道或自認知道的是，儘管光彩、明晰和自信是葡萄酒擁有的美好特質，但在某些時刻它們會**停止**；即使有時是非常精緻甚至高貴的樂趣，但它們只是一種樂趣。能潛入深層的葡萄酒似乎會悄悄瀰漫全身，你已經準備好滿懷感激地欣賞或解構它們，但這些縈繞心頭的奇異酒款卻不在乎你的想法或感受。有些事物從謎中成形，那些你知道但遺忘在彼處的事物。

我的朋友葡萄酒作家大衛・希爾德奈特喜歡引用布拉德利（F. H. Bradley）[28]的話，即形上學是為我們直覺所相信的東西找一些壞理由。我也喜歡這句話，尤其是當我們試圖解釋無法說明的情況時。我的重點並非解釋這些不明確的歧義，而是在這之前停頓一下，並且詢問它們為什麼要探望我們，以及它們想要什麼。

有一種美，是與它能帶給我們什麼愉悅無關。如果我們意識到或當我們意識到這種美，它會引導出一種罕見的感激，一種不帶情感的同理。據說，當你準備承認時，世界就會找到你，但如果沒有準備好，它將攻擊你。據說，我們不僅僅是附著在味覺馬達上的生命支持系統，我們是人類，可以將整個自我帶入一杯葡萄酒。在這些冷靜精緻葡萄酒的靜默中，我們聽見某種神性，我們看見世界充滿了它——它是，我們是，我們之間流過的氣流也是，它**永遠都在**。

28　英國唯心主義哲學家，最重要的作品為《外觀與現實》（*Appearance and Reality*）。

最迷人的是我們不必透過極度努力或「靈修」的力量，就可以實現此一目標；我們無須透過冥想或舉行降神會，甚至不必做瑜伽，只要願意放鬆一下，走出自己該死的生活幾分鐘。這也不會使你成為一個極樂而仁慈的人，這與「個人修養」無關，我和隔壁的人一樣愛發脾氣，它唯一能做到的就是阻止我們在短暫的一生中，虛擲過多時間。

有句話說，一段音樂的最後一個音符是最後一個音符之後的寂靜。羅伯特．佛洛斯特（Robert Frost）[29]說，如果一本詩集裡有二十四首詩，那書本身就是第二十五首。有些葡萄酒可以讓我們聽見滴答滴答之間的時間節奏，這些酒何以如此並不重要；重要的是世界包含了它們，而我們做出了回應。因為我們都是聽音樂的囚徒。

29 美國詩人，因對農村生活的寫實描述和其以美國口語進行演說的能力而受到高度評價，曾四度榮獲普立茲獎。

第五章 敏感話題

所有品味都是正確的嗎？捍衛菁英主義

只有當某人聲稱自己的品味與其他人一樣好，以炫耀自己的民主價值時，品味層面的「正確性」問題才會出現。本章的想法來自一位葡萄酒記者的雜誌文章，這位記者在某一片刻突然醒悟，他發現在擁抱感性中，自己對於品味的概念已經擴張至擁抱**全世界**。凡是有知識抱負的人都知道這種感覺，都知道摸索著共同性質的感覺，就好像丟下手中的極品，然後直接用罐子喝啤酒，就能瞬間成為一個懂社交又充滿魅力的人。一個堅持所有品味都擁有同等正確性的人，這人一定不知道他談論的不是品味——他談論的是他自己。

品味怎麼會跟正確性扯上關係？品味可能細緻或粗糙，文雅或無腦，甚至或**好**或**壞**（同一個人也經常會有好與壞的品味），但「正確性」？

以下兩件事都擁有正確性。首先，是存在於整個自然界之中的等級制度，一旦等級制度存在，菁英也會存在。獅子是肉食動物中的「菁英」。其次，我們人人都是某件事的專家，而且我們也經常試著讓某方面更專精的同時，不會大喊著這是裝模作樣或菁英主義。一旦我們認可了一個領域，我們也會尊重此領域的菁英。「亞伯特．普荷斯（Albert Pujols）是棒球的打擊菁英之一」。此時，不會有人對**菁英**一詞打冷顫；亞伯特堪稱擊球機器，他是該領域的一小群頂尖人物。相反地，如果我們打從根本不贊成某個領域，那麼這個領域的任何專業知識都會聽起來很詭異：**我對這個領域覺得有點自卑，因此我要因為你關心這個領域，指控你是一個裝模作樣的菁英主義者**。「外交政策領域的知識菁英認為：談判帶來的效果比人們原以為得更好。」噢，對啦，那些象牙塔裡的勢利鬼永遠不必自己換輪胎；誰在乎**他們**的想法？

某天晚上有一場球賽，我有幸坐在一位每場比賽都會到場的高級球探旁邊，收集了該隊下一場要面對的隊伍球員情報。那是個賽程緩慢的夜晚，我問他是否可以把想法說出來，告訴我他所看到的，結果我倆眼中完全是一場截然不同的球賽，我敬佩他訓練有素的雙眼。我跟他說我覺得球賽很精彩。他回答道：「其實這場比賽打得不好，而且調度不善。不是棒球賽最好的示範。」我極力勸他詳述，他為我打開了一個新世界，我並沒有覺得自卑或相形見絀；

我覺得自己上了一課，我再次意識到訓練和洞察力的價值。

接下來的球賽我就都用新開的眼界觀看嗎？其實並沒有，有時我**喜歡**像個單純的粉絲觀看球賽。但現在我有了選擇，我可以選擇要分析球賽或把球賽當成純粹的娛樂。

同樣地，當我開車找汽車技工時，他聽到的引擎聲也會與我聽到的不同。鋼琴調音師會聽見微小的音調變化，而我對那些聲音充耳不聞。按摩治療師可以識別我不會意識到的肌肉張力，這些全部都是我們認為理所當然的專業知識。然而，如果有人聲稱自己擁有葡萄酒方面的專業知識，我們會立即心存懷疑。我們嗅到了有人在裝模作樣了，我們變得充滿防禦。這是為什麼？

正如前面討論過的，葡萄酒作家常常感到某種要使葡萄酒「去神秘化」的責任，好讓每個人都能夠接觸葡萄酒，如此一來就會有更多的人去喝酒，而這個世界會變得更好。如果遇到有人喜歡爛酒，也請對他們保持溫和；因為他們可能會成長，有朝一日也可能會喜歡上**我們**喜歡的葡萄酒。也許會，也許不會。我寧可認為先天固有的品味會與經驗分開，自行彰顯出來。我們會說今天吃漢堡王的人，就會是明日美國名廚托馬斯・凱勒（Thomas Keller）[30]的狂熱粉絲嗎？「只要會在餐廳裡用餐的人，都讓我們為他們而鼓掌吧！」這種邏輯似乎不太可能發生。

其他葡萄酒作家則想讓人們保證根本沒有「規則」這回事。我們都應該只喝自己喜歡的酒：表面上的確是合理的建議。如果各位想喝年輕巴羅鏤配十幾顆生蠔，我不會阻止你（儘管我會不寒而慄地想像嘴裡的狀態）。如果各位喜歡干邑白蘭地配一把泡在裡面二十分鐘的沙丁魚，請繼續如此享用。不會有人會想要阻止你品味異常而遇到的後果，也不會有人否定你這麼做的權利。

然而，的確有些人喜歡用正統的名詞稱呼事物，這並非裝模作樣、虐待狂或其他什麼癖好，而是因為正確的名詞有助於整理所有經驗，它能避免混亂。無論我們在所愛的事物上獲得了什麼專業知識，依舊還有許多其他事物使我們謙卑。我們一直同時處於這種分歧的兩面。我對香氛著迷，同時是香水和古龍水的新手。我以為自己品味很好，畢竟因為那是我的品味！

30 美國廚師，餐廳經營者和食譜作家。

後來，我讀到錢德勒・伯爾（Chandler Burr）[31]關於香水和古龍水的一些著作，我很困窘地得知許多我喜愛的香水他都覺得相當低劣，而他捧上天的則是一些我反感的香味。我們是透過主觀的那層薄膜來感知事物，這點不言而喻，即使紅酒的單寧和蝦會一同在口中產生強烈的金屬味，但我依舊敢肯定某處會有人喜歡這種風味，並因這種搭配不受歡迎而感受到欺壓。

如果你喜歡 Twinkies 點心蛋糕，就好好享受，無須道歉。享受 Twinkie 蛋糕帶來的所有樂趣，但不要聲稱 Twinkies 和用天然新鮮食材製成的自家烘焙布朗尼一樣好，也不要聲稱不愛 Twinkies 的人都裝模作樣。**裡面只有糖和化學成分，但我喜歡**。我是一個文雅人士，但我無法忍受歌劇，不過我對職業摔角懷有墮落的寬容。我重申我們都是混合了高低品味的生物，這沒什麼大不了，只要我們不混淆。

我最近在飛機上與一位二十歲的大提琴手交談，我們自然而然就談到了音樂，對我來說，她的品味很明顯地比我的品味更廣泛（我畢竟是五十多歲的僵化老傢伙）。我談到她普遍的聆聽習慣，「好吧，」她說，「你不認為人應該在所有事物中尋找價值嗎？」我很想說「對，我不認為」，但這麼說是錯誤的，相反地，我說「不，我是這麼認為，我認為**你**應該在所有事物

31 美國新聞記者，作家和博物館館長。

上尋找價值；這是你一生的定位。但我的是找出令我煩惱或受傷的事物，然後避開它。」

葡萄酒作家史都華．皮格特（Stuart Pigott）曾經寫道：「我們應該……開始以平衡、優雅和獨創性等特質釀造葡萄酒，讓它聽起來棒到讀者覺得一定要試一下，」而且這是千真萬確的。評論家必須有立場，否則就只是優柔寡斷。首要任務是找到優點並加以讚美，但每當我們**為了**什麼事主張立場，也同時暗示了其陰暗面，亦即我們愈喜歡提起的事物（我們無能為力），就是愈缺乏的事物。再者，我們絕不能迴避列舉這兩種事物，尤其是別擔心會傷害庸俗之人的玻璃心（順道一提，這種人強烈不敏感，同時毫無顧忌地用「不懂裝懂」或「菁英主義」這種標籤來侮辱**我們**）。上帝知道我們更想與人為善，我們想以更人道和慷慨的態度告訴那些品味不成熟（或簡直駭人聽聞）的人，他們的品味和其他人一樣好。但這是漫天大謊，我們會這麼說只是想要自我感覺高尚，而且這對接受者是不公平的，接受者至少有權知道自己正接受施恩。

不過，這也不代表我們有任何權利無端侮辱他人。也許好品味的霸凌的確比壞品味的霸凌更有品味，但仍然令人厭惡。能夠明確分辨品味並不表示就擁有傲慢或不人道的許可。

皮格特繼續主張，只要有任何一人喜愛，就能證明任何一支酒都是「好的」葡萄酒，而這只是我們試圖展現「民主」時，不得不下的臺階。我們很顯然難以支持「好的」的定義為「任何人，無論誰，只要有人覺得好喝的葡萄酒都是好酒」，這是不負責任的，它迴避了問題。記得某次酒款發表時，我因為非常忙所以開了幾瓶酒之後也沒有時間檢查。然後我聽到一位客戶說某一瓶葡萄酒「很棒。我從沒喝過這樣的酒，哇，這是怎麼釀製的？」他的熱情感染了我，我幫自己倒了一杯來喝，有木塞味！根據皮格特對**好酒**的定義，我該怎麼做？這位先生喜歡明顯有瑕疵的葡萄酒，他完全有權喜歡它；沒有人對此表示質疑。但是我為了榮譽不得不（謹慎且巧妙地！）糾正他。

因此，我不能贊同皮格特等人所期望的包容且民主的**好酒**定義。我不認為自然與我們的民主制有任何關係，有些酒**就是**比其他酒還要好，我們的功能之一就是引導讀者盡可能地優雅地欣賞這些區別。

如果我們將這些民主原則，套用在其他經過美學或文化評論過的事物，一切還站得住腳嗎？我們是否應該贊同「只要有人喜歡，所有藝術都是好藝術」之類的說法？這種觀點是否同樣適用於建築、詩歌與美食？還是因為太少人喝葡萄酒，所以葡萄酒就不知怎麼地比較「特別」？因為我們試圖吸引更多人喝葡萄酒，就該迎合各種不成熟的或誤導的品味？

讓我好好澄清一下：沒有人必須以我的或任何「專家」的方式來喜歡葡萄酒。如果葡萄酒對你來說是休閒飲品，那麼討論就結束吧。葡萄酒很複雜，因此令人生畏，但是讓我們約定一下：只要各位保證不會因為我知道的知識感到膽怯而猛烈抨擊，我就向各位保證不會讓你滿懷愧疚地學著其實不太在乎的專業知識。

作家會被建議帶有人味地寫作，因為人性化是件好事。任何使用文字的專業人士都很會遮掩文字，以免向品味可疑或未受教育的人進行無端的侮辱，但這並不表示他在尋找包容與民主的浪漫同時，放棄了行使判斷能力的責任（順道一提這正是他能有此工作的原因）。

葡萄酒的世界沒有「不正確」的愉悅時刻，但是有高一點和低一點的愉悅。一旦從低度愉悅進化後，隨時可以返回，折返是很有趣的！各位**應當**經常折返，與內在的鄉巴佬保持連結是很好的事，否則可能會覺得自己的品味變得造作。但是，如果你正在磨練自己的葡萄酒品味，而且想要繼續努力，但若是各位無法描述不足、普通、好、很好、極好之間的區別（或者大量生產的「工業化」和「小農」葡萄酒之間的區別），其實沒有人能幫得上忙。

也許這與皮格特說法之間有很小的差距，我們會堅持高品質的想法是當務之急，但其憑藉的方式要求我們記住要友善（至少不要不友善），並用文字磨練我們的職業。我覺得將所有品味統一為一種華而不實的單調確實是不和善的，而透過鼓勵庸俗之人設定標準，這更加致命。

我對預先構想的葡萄酒以及裝腔作勢又大叫大嚷的葡萄酒有強烈的反感，這種酒讓我覺得很煩，我會告訴你為什麼，讓你自己做判斷。我的當務之急不是所有人，但我努力傳達明確的訊號，提倡我認為值得的，並辨明和解釋我認為不值得的，如果我的口氣（用皮格特的話說）是「優越甚至獨裁」，那麼這是我的錯，沒有好好傳達我的觀點。

但重點還是重點，品味會沿著洞察力和精緻性連續演進。我們每個人都按照自己的能力和意願行動，描繪沿途所有行經之處都是有幫助的。回想一下，當我們珍惜特定領域最好──最「菁英」──的事物時，不是一種不懂裝懂、附庸風雅的姿態，而是一種愛的姿態。

「是在忙什麼？葡萄酒只是發酵的葡萄汁」

啊啊啊……是啦，整體來說是這樣沒錯。聖母峰只是一大堆石頭，《罪與罰》（*Crime and Punishment*）[32]只是關於有個學生用斧頭朝某位老太太頭頂敲下去的故事。你知道的，我同意你的觀點；活著真是太好了。我會幫你吸出所有可能歷經非凡時刻的毒，好讓我們的生活更

32　俄國文學家杜斯妥也夫斯基的長篇小說，出版於一八六六年，與《戰爭與和平》並列為最具影響力的俄國小說。

加貶低和微不足道。但我們快點行動吧，因為我有幾張球賽的門票。

但你瞧：打擊手揮動球棒，球以一道高飛的弧線上升（棒球白色的外觀對比黑色的天空看起來真是迷人……但是，不，它只是顆被重擊的球，保持冷靜，該死的）。天啊，所有坐在這裡年齡已屆四十好幾的上千個人，突然站起來看著那顆小球飛起，當它落在左外野深處的座位上時，所有人都開始歡呼並和身邊的人擊掌。我的意思是，**拜託**，這到底有什麼好快樂的呢？現在，剛好在我家鄉主場的二十五名高薪運動員很有可能擊敗在你家鄉主場的二十五名高薪運動員，而我竟然為此欣喜若狂？

我們在乎是因為我們想在乎。我們在乎，是因為人類就是被**設計**成會在乎。在乎餵養了飢渴，在乎確認了我們的生命，無論我們關心的是什麼，無論是橋、填字遊戲、長曲棍球、十二音音樂、情景喜劇、永續農業、園藝或葡萄酒，都沒有關係。葡萄酒至少會以家庭、文化、好客、美感，來回報我們的在乎。葡萄酒是完全寬容的，如果不發自內心，就無須在乎。無論身在何處，只要稍微在乎或非常在乎，你的酒都會滿足你的需求。但不要讓任何人——讓我強調這一點：**任何人**——告訴你別在乎，或者告訴你這樣在乎會讓你看起來像某種怪胎。每個人都會執迷於某件事，所以別懦弱，擁抱你的怪吧。

無意義的分數

重複討論這一點沒什麼壞處：以嚴格的消費主義術語來說，評分系統（任何一種）可能有用，也可能不會有用。評分系統可能很有用，或者不會像過去那樣發生轉移，儘管這個思想系統是一種反饋迴路，讀者在其中被幼稚化，因此依賴於分數。但是，我們暫時將其擱置一旁，出於論證的目的，我同意評分系統對於想要得到簡略購買指南的葡萄酒消費者來說具備吸引力，但是沒有一種評分系統能夠全面發揮作用，因為「完美」的概念存有一個問題，而且因為葡萄酒不只是等著被評判，還要以許多不同的方式被飲用和被享用。

舉一個例子，成熟度高的葡萄酒**因為**更集中，就天生優於成熟度低的嗎？除了說**視情況而定**之外，還有什麼可能的答案呢？如果有人被迫必須依照絕對的標準評分，答案可能是肯定的，但如果有人允許相對和相等進入選項，答案肯定是否定的；例如活潑輕盈的松塞爾（Sancerre）產區可能是搭配生蠔的「完美」葡萄酒，而得分較高的葡萄酒用之搭配則過於集中。

完美一題更加棘手，因為當我們感到強烈的愉悅時，就會極度渴望這麼想：**最好的酒也不過如此了**。但是，追求完美是沒有用的，它把我們帶入無數隱蔽的小巷，使我們陷入迷宮，然後矇騙我們到底身在何處。談到葡萄酒，其完美與平淡之間可以存在**非常**窄的界限，這並不是什麼需要被原諒的缺陷，恰恰相反。我們喜歡缺陷（或所謂的缺陷），是因為缺陷使事情變得有趣、生動且平易近人。我的意思是，我的聖誕樹一側有點下垂，絕對不像假樹那般美麗，但是它聞起來非常香，而且是活生生的樹。如果完美是可達致的，那就不會有奇蹟存在了，只會有不太可能，不完美是奇蹟的先決條件。

但是，購買指南與奇蹟無關；這些指南只想為忙碌的消費者提供一條生命線，消費者不知道自己要買什麼酒，也不知道是否可以信任當地零售商告訴他們的資訊。很合理，但是等級必須如此（或看起來如此）精確嗎？回到皮耶·何瓦尼（Pierre Rovani）與羅伯特·帕克（Robert Parker）[33]一起工作時，我問他為什麼僅靠幾組——尚可／好／很好／非常好／優秀／一流——並在這些組別間依照優先順序對葡萄酒進行排名是不夠的。「好問題，」皮耶回答，「所以你建議的是五分制。」一針見血！真是拿法國麵包砸自己的腳呀。我的錯誤是使用論點擁護者的

33 羅伯特·帕克是全球葡萄酒評論界無可爭議的名人，以帕克採點（Parker Point，簡稱 PP）的方式來評分，滿分為一百分，他創辦了《葡萄酒倡導家》雙月刊。在帕克成名之後，他開始僱用助手來寫酒評打分數，最早的就是皮耶·何瓦尼，專門負責寫帕克最弱的布根地葡萄酒。

措辭來辯論自身論點，他們的邏輯是自我強化和拐彎抹角。評論家有責任採取明確立場，而得分則迫使他們這樣做，他們無法躲在模糊或含糊的語言後面。這款酒八十八分，這就是僅有的評價。他們說也請閱讀文章，因為那是他們使用所有風味關聯和時髦風格說話的地方，但得分才是魅力所在。

評論家在這個世界觀中的角色是妨礙新加入者，並告訴你誰贏得了比賽，以及贏得了多長時間。一切都非常清楚，它的意圖良善，邏輯也非錯誤，只是不完整。

首先，任何計分方式的誤導都會與其精確度成正比，愈精確就愈容易引起誤解。我們都知道葡萄酒是一直在變動的，就算是設計為可預期的商業大量生產葡萄酒也是一個變動的標的。為什麼？因為我們就是一個變動的標的，我們在不同的日子，一天中的不同時刻會有不同的感覺。我們的身體多變，我們的味覺多變，我們中餐吃的過酸沙拉醬會影響我們整個下午品嘗的每款葡萄酒。我們有多負責任都無濟於事；一旦我為葡萄酒賦予絕對價值時，我們就產生了誤導，我們聲稱的目標愈明確，我們就愈會誤導他人。

是的，經驗豐富的專業品酒師會顧及我引用的可變因素（以及其他我沒有引用的可變因素），但是即使他們想給自己一些調整的餘地，一旦賣弄**全知**，就會綁手綁腳。每當有人問羅伯特·帕克是否曾經犯過錯誤，是否曾經改變或後悔分數時，我都要大笑。我們當然可以問問聖諭的建議或預測是否有誤，但如果回答「噢，好吧……是的，有時我的建議確實不明智。」那它就不再是聖諭了。噢，真的嗎？那我為什麼要聽他的呢？為了保持信譽，你必須裝作（或假裝）全知，而葡萄酒不歡迎全知，所以我們有一點認知失調。

我們還要記住，我們正在為讀者樹立榜樣，我們正在訓練他們以「給予」多少分數的角度來思考葡萄酒，這充其量只是惡作劇，即使我同意分數是必要之惡（順道一提，我並沒有這麼說），有多少無辜的葡萄酒雜誌消費者精明地知道，作者可能必須使用分數系統，但**讀者**卻不需要？可悲的是，人們對分數隱含訊息的執念，變成了對葡萄酒進行「評分」是鑑賞的必要條件。

噢，放輕鬆點，我聽到你這麼說。這有什麼害處？傷害是微妙的，因為其症狀看起來很溫和，但長期影響卻是有害的。

我喜歡約翰·伯傑（John Berger）[34]在〈白鳥〉中的一句話：「審美為我們帶來了希望，讓我們變得不那麼孤單，讓我們更深刻地存在，比一生的歷程更能使我們擁有信念。」葡萄酒

34 英格蘭藝術評論家、小說家、畫家和詩人。

就是這樣的審美時刻，並非一定得是好酒，但必須是**真實的酒**，不與工廠連結，而是與家庭連結，不與實驗室連結，而是與大地連結。我們被邀請用靈魂回應，因為這般的葡萄酒將為我們打開幾扇門扉，使我們進入一個比日常居住的更廣大的世界，我們所需要的就是獲得經驗。

但在那一刻，如果我們像滑動螢幕一樣滑動著自我，看看我們要「授予」這款葡萄酒幾分，我們將浪費這個機會。沒有人注意到這種語言多麼可疑地浮誇嗎？「我們在百分制上**授予** Château Bluebols 酒莊[35] XX分。」你人真好啊，那葡萄酒又給**你**打幾分呢，大專家？這整件事真的只關乎於**你**嗎？宇宙真的在乎你給某款葡萄酒打幾分嗎？這支酒是一個贈禮，但我們唯一做的卻是如同面對一臺光碟播放器或某品牌吸塵器一樣地「評價」它。

你可能會想，在各種網路葡萄酒論壇上，這是一個熱門話題。我記得有一位先生寫道（我是改述他的話）：當他覺得自己的味覺已經夠成熟時，便發展為使用百分制。這隻可憐的小羊盲目地奔向懸崖。

啊，但也許他是對的。畢竟自我五十歲起，我就一直使用百分制來評估文學，我終於看

35 Bols 品牌生產的一款香甜酒。

了夠多書，能確切知道什麼書是好的。我給莫莉・布魯姆（Molly Bloom）的獨白至少九十四分[36]，這是將它與有史以來最偉大的文學場景一起排名，還有斯塔夫羅金的告解[37]（九十五分）、列文與打穀者的一天[38]（九十七分），傑拉德走向山中的死亡[39]（九十四分以上），以及班・甘特之死[40]（九十九分）。我不習於幫文學中的精彩場景打分數，但是最終我意識到所有快樂實際上都是一種商品，我**值得**幫這些小笨蛋打分數。所以現在當我讀小說時，我一直在思考，**這個場景值多少分數？**我會根據圖像、措辭、整體修辭，是否推動情節發展和／或發展角色，以及最終離讓我流淚有多少距離來評分。眼眶勉強濕濕的得九十分，眼眶勉強濕濕的加上哽咽得九十一到九十二分，眼眶含淚但淚水沒有滴落得九十三到九十四分，從我的臉上滑落一到三滴淚可得九十五到九十六分，而全力哭泣獲得最高分數。自從我開始這樣做以來，我從這些很棒的書中得益很多！

36 該場景出自《尤利西斯》（*Ulysses*），為愛爾蘭現代主義作家詹姆斯・喬伊斯於一九二二年出版的長篇小說。
37 該場景出自杜斯妥也夫斯基短篇小說《白夜》（*White Nights*）。
38 該場景出自托爾斯泰的小說《安娜・卡列尼娜》（*Anna Karenina*）。
39 該場景出自勞倫斯（D. H. Lawrence）的小說《戀愛中的女人》（*Women in Love*）。
40 該場景出自湯瑪士・沃爾夫（Thomas Wolfe）的小說《天使，望故鄉》（*Look Homeward, Angel*）。

為何要止步於書？讓我們宣告所有的娛樂在絕對**範圍**進行精確分析，然後我們就能看出一百分的**喜悅**是關於什麼了，「沒有什麼比這能更令我更快樂了」——**你確定嗎？**

也許我們相互誤解了，我寧願葡萄酒作家努力加深人們對葡萄酒的熱愛。但他們盡其所能地按照他們訓練讀者的期望行事，羅伯特．帕克可能是歸咎我們挫折的方便對象之一，但事實更加複雜，因為在他的傳奇生涯中為葡萄酒界帶來了巨大的益處，比可能造成的任何傷害還要有益許多。但我也相信，當聖彼得打開大門允許帕克先生進入時，他將凝視著羅伯的行李箱，抽出標有「一百分制」的文件夾，然後說：「我會把這個扣留下來，你在這裡不需要它了。」

葡萄酒的「全球化」：威脅或稻草人？

五十年後回頭看看今日，也許會覺得一位評論家擁有如此強大權力的現象十分詭異又有趣，更別提它成為世界各地葡萄酒的爭論關鍵，在在都為了適應評論家的口味而開始變得大同小異。這個複雜問題簡稱為「全球化」，許多人擔心這會威脅到優質葡萄酒的生存，其他人則略之為爭論的口號。此一問題的兩個面向都保持理性（在某種程度上仍保持理性）。

如果各位仍然懷疑文明對話會帶來致命的危險，請看一下如何進行這種討論，尤其是在網路上。我將試圖以我獨樹一幟、油腔滑調的方式為雙方陳述情況，看看是否有共同點。

在我的狂野幻想中，我允許自己相信本書在多年後可能還有人閱讀，假設這個不太可能發生的事情成真了，我想知道未來的讀者會怎麼看待這個問題。葡萄酒會變得愚蠢地同質？羅伯特·帕克這個名字會不會超出歷史光點之外？關於這一點，帕克先生合理或不合理地成為了這場爭執的避雷針，並且由於我敬佩（且喜歡）他，所以我希望自己能說他已經有能力應付這個局面，而且身為葡萄酒界的偉大前輩，他有責任讓自己符合文明態度。唉，他無法，每當他在雜誌（自己或他人的雜誌）上，或是在他的網站寫下關於此問題的文章時，他的許多合理觀點常常會因防禦性、惡言謾罵和惡言相向的稱呼而消滅。與他持相反觀點的人被指控為「娛樂糾察隊」（因為他們顯然與帕克不同，對於無法帶來愉悅的酒款擁有品味？）我們戒慎恐懼，以確保我們喝著寡言少慾、喀爾文主義式的葡萄酒。他還以最古老的標籤「假知識分子」來形容對手。真奇妙，我承認假知識分子確實存在，真正的知識分子也存在，我懷疑帕克先生能說出他們的不同。

只要有權力，就會有怨恨權力的。羅伯特·帕克積累了很多權力，大多數批評他的方式都是毫無根據的，而且許多批評來自一些不具條理的怒氣，而對帕克的經驗和本質上的嚴肅性一無所知。然而，有些挑戰還算有價值。

幾年前有一本非常出色的書出版了，勞倫斯・奧斯本（Lawrence Osborne）[41]的《偶然的鑑賞家》（*The Accidental Connoisseur*），作者以尋找「品味」為幌子，提出了一個問題，即全世界的葡萄酒是否受到某種類型一致的威脅？他以一種講究、狡猾又拐彎抹角的方式陳述，只揚起了最微弱的漣漪。畢竟這年頭，誰還在看書？

此後不久，他（和我的）一個朋友喬納森・諾西特（Jonathan Nossiter）拍了一部電影，叫做《葡萄酒世界》（Mondovino），這次，電影以直接而激烈的爭論方式處理同一問題，這下子爭論喧囂塵上了。這年頭的人會看電影。諾西特遭受了任何挑戰時代正統觀念的人會遭受的厭惡和憎恨，大多數批評是無理和侮辱性的。當人被觸動神經時通常會如此。

但是**為什麼**這個問題會令人不安？我的一般理論是，當我們感到有價值的東西受到威脅時，我們會反應過度。但使奧斯本、諾西特和我本人不自在的葡萄酒風格如此普遍，以至於沒有理性的人能夠聲稱它受到了任何形式的圍攻。不，這裡有些徵兆，這種辯證法的兩面都

41 英國小說家，也是一名遊歷廣泛且發表文章眾多的記者。

有其理由，但從單面向進行的辯論風氣傾向於威嚇和霸凌，而且他們的論點夠強烈，以致這樣的策略沒有根據，除非有些人只是想欺負人，並且從未學會如何尊重不同意見的人。而且，很有趣的是他們對好戰的葡萄酒的品味偏好……。

我將試圖對每個陣營的立場進行摘要。我的偏見很明顯，但我對另一方的意見也有同感，我認為他們的立場比他們經常發出的聲音更好。首先要定義這個詞彙：**全球化**代表一種現象，全世界的葡萄酒都朝著相似的配方努力，用以吸引帕克先生的口味偏好（這可能是對廣義**全球化**一詞的濫用——儘管人們對葡萄酒世界的跨國公司感到擔憂——但它被挪用為基本辯論的簡稱）。據我所知，該配方極利於高成熟度（及其帶來的高酒精濃度）和表現明顯的風味。在許多情況下，這類酒款的風味會**噴湧而出**，帶有一定的光澤、大量的桶味、一種「甜味」感；並非源於殘糖的甜味，而是所謂的酚類或果實熟成度（因葡萄皮和莖成熟而達成）。這些葡萄酒趨向於簡單、勻稱和豐富，並且在基本的感官術語上令人愉悅，享樂主義是這種葡萄酒風格擁護者所鍾愛的形容詞。誰不喜歡享樂主義？

全球化的批評家對葡萄酒變得過於統一表示質疑，他們擔心機械化配方或技術的應用會帶來流行的風格，他們想知道他們所喜歡的古怪或有個性的酒款，是否被四處剛展露頭角的豐滿葡萄酒排擠。為了文章簡潔，我將這些人稱為「浪漫主義者」。

全球化的支持者——讓我們稱其為「實用主義者」——辯稱葡萄酒總體上從未比現在更好，而且現在優質葡萄酒產地比以往任何時候都多。他們沒有意識到其中藏了問題，然後認為有一堆大驚小怪的人在澆他們冷水。

我不認為否認他們的論點是合理的。當然相較於二十年前，有更多令人滿意又美味的葡萄酒（隨之而來的是愈來愈少樸實、骯髒或噁心的葡萄酒）。如果能承認這一點，浪漫主義者的論點會更強。底線已經抬高了，葡萄酒總體上的確是有史以來最好的。

但是，底線抬高了，代表天花板降低了嗎？浪漫主義者害怕這一點，他們也擔心實用主義者過度關切結果，而不關切遊戲的玩法，只要自己感到愉快即可。在爭論的高峰，類固醇醜聞襲擊了棒球界，威脅到這項運動的誠實性，但是很少有人關注自身在引發這類事情上所扮演的角色，我們更希望的是這件事憑空消失。老實說，我們許多人都喜歡以化學藥物長成大塊頭、把棒球擊出五百英尺，那種力大無比、如神般英雄人物的奇觀，這成為我們的理想狀態，體現理想的球員被要求擁有最高的薪水和板凳上最大的屁股。他們也是其他人羨慕的對象，受到其他試著登上肥缺卻不這般「增強」的球員所羨慕。

這個比喻誘人地貼切。毫無疑問地，具有商業抱負的現代葡萄酒流行配方易於應用，並且可以有效地大量生產成熟、偏甜、單寧柔和、大規模集中的葡萄酒，不論這些酒來自何處或由何種葡萄製成。我相信實用主義者對這種酒如何變成今日這樣的關心，少於被這種生動的葡萄酒的取悅和刺激，這種如強棒選手般的葡萄酒可以把風味像全壘打一樣擊出球場之外。

我們是不是要將討論引導到更深的陰影中？很有可能。帕克經常對溫和、優雅、節制的葡萄酒表示讚揚，他通常會給八十幾分的高分，而且他告訴我，他希望有更多人能珍惜和飲用此類酒款。然而，他必定也意識到，這種名為「帕克評分」的價值，實際上是在用微弱的讚美毀掉這類酒款，儘管帕克本人可能非常讚揚這些酒，但他仍然為它們更大、更「享樂主義」的遠親保留他的愛和他最有感情的文章。

然後，一個特定的習慣用法成為普遍的習慣用法，因為每個人都希望獲得分數及其產生的財務魔力。從表面上看，這種風味的習慣用法具有說服力，儘管它最好的情況下是單數形式，最壞的情況則是對其他風味習慣用法的掠奪。浪漫主義者抵抗單面性和乏味性，他們（我們）天生就對一致性保持警惕，因為這與自然相反。我們還要提醒你，一致性可能會產生隱患，我們可能會變得被動、幼兒化、鈍化；當所有事情都只有單一方式時，便沒有必要再付出關注，因為這些酒不再使我們驚喜。

實用主義者會說我對此事誇大其詞；他們之中沒有人主張所有葡萄酒都應該嘗起來一模一樣（他們中很少有人看見許多葡萄酒的味道正開始令人苦惱地相似）。很合理，然而他們經常指責浪漫主義者希望大家回歸某種想像中的伊甸園，品嘗骯髒、古怪和樸實的葡萄酒——他們嘲笑著我們引用風土為託辭。這是稻草人的經典戰爭。還有人能用明智的方式思考嗎？

我要求實用主義者考慮這個問題：在一個為追求可預期結果，由無疑是以普遍習慣方式釀造的葡萄酒世界中，古怪、生硬、有感召力的葡萄酒——葡萄酒世界的傳家之寶——如何能有生存空間？還是我們甘願讓這類葡萄酒消失？這是我們希望身處的（葡萄酒）**世界**嗎？如果不是，我們要如何預防呢？

我對釀酒的「現代」方法本身沒有任何價值判斷，其中許多是有利的，但某些方法完全等同於偽造，但現在還不是時候強烈抨擊那些人——有些人認為球員使用類固醇很好。我想要求實用主義者考慮他們信仰體系的固有後果，許多好酒的確來自許多二十年前不為人知且無法利用的產地，但就我的味覺而言，這幾乎沒有什麼意義，因為這類酒款許多都加入了溫暖氣候葡萄酒的國際搶奪，其效果讓人想起了古老的英國成語「大同小異」（much of a muchness）。

所以這類風格的酒款又多了另一個源頭，我不確定為什麼我應該要在乎這類酒款。

再者，這類源自新產地的酒款許多都僅是在我們原已熟知的風格中，增添一些吸引人的花言巧語。舊世界歷經數百年的反覆試錯，以瞭解哪種葡萄品種和哪種釀酒方法最能抓住風土。新世界展示了其慣用的大膽行徑，並假設可以在一開始發展的三十年中學會這些教訓。不可能，這種事沒有捷徑。

當眼前滿是奢侈食材，並以幾乎相同的方式烹飪時，代表此時進入了一種料理的無趣境界：星期一，塞滿肝醬的乳鴿燴松露清湯；星期二，塞滿松露的乳鴿燴肝醬乳化醬汁；星期三，酥松露肝醬燴乳鴿肉汁，最終變成毫無意義的法朗多（Farandole）舞曲般菜式，這種「豪華用餐體驗」可能在香港、洛杉磯、拉斯維加斯、紐約或吉隆坡品嘗都得到，這成為將你與世界隔開的一層薄膜，將你包裹在一個華而不實的幸福中，勾引你的感官，使你的靈魂極度匱乏。當我品嘗到另一款與其他無數大部頭葡萄酒別無二致的酒款時，我就會聯想到這個。是的，它可能優於從前在這裡生長的古怪小酒——**也許吧**——但這表示什麼？許多不同產地的人都能使用該公式並加以應用嗎？我不確定為什麼我應該要在乎這個公式。

因此，如果好酒都如出一轍，那麼好酒從有史以來最多產地紛紛誕生一事也就無關緊要了。除非葡萄酒具有過去從未嘗過的味道，否則如果我們從未見過的僅是葡萄品種名或產地名的話，那就無關緊要了。這就是浪漫主義者爭論的關鍵。

有時，在我們的正義激情中，浪漫主義者也可能會忘記保持理性。我們**必須**指出，葡萄酒的品質底線確實提高了，這是一件好事。我們努力的是，為此喝采的同時也要保護好天花板的高標，而且「天花板」不僅是享樂主義的新同溫層（甚至是**更成熟**的葡萄、甚至是**更高更高**濃郁度），相反地，是那些獨特卓越的葡萄酒，其獨特性意味深長。瑞士瓦萊州（Valais）生產的希哈（Syrahs）和卡本內弗朗非常好，但比起非凡且引人注目的白玉曼（Humagne Blancs）和艾米尼（Amignes）葡萄，就少了很多關愛——這種品種在別處都不會生長，且風味迷人。

和羅亞爾河最好的白梢楠一樣偉大的葡萄酒是什麼？和最好的巴羅鏤一樣偉大的葡萄酒是什麼？跟最好的居宏頌（Jurançon）酒款一樣偉大、和最好的那赫產區麗絲玲一樣偉大、和最好的夏布利特級園一樣偉大、和最好的綠維特利納一樣偉大的是什麼酒？最終，我們必須保護的不是偉大，而是獨特。保護獨特，偉大就會應運而生。

就是這麼回事。在一定程度上，飲酒者珍視我們葡萄酒的獨特，釀造葡萄酒的人會發現他們**特定**的葡萄酒市場，我們將培養一個釀酒人社區，他們珍愛自家獨特的葡萄酒。這並不表示他們所有的酒款都會很偉大，但這是偉大的基礎和前提。

實用主義者最好記住自己美學中固有的風險，而我們浪漫主義者也需要意識到自己錯誤應用了風土概念為低劣或有缺陷的葡萄酒辯護，這個概念很珍貴，我們需要尊重並謹慎使用。我們浪漫主義者有時會犯下某種形式的清教徒罪行；如果味道不佳，那一定是高尚的。

但是，實用主義者應該承認，他們的理念並非唯一的享樂形式，伴隨感官的還有很多世界，葡萄酒在智力甚至精神層面都帶有滋養性，人們可以渴望這些，而真正的享樂主義者不會受到這些事的威脅。

我想知道我們是否能夠團結一致支持多樣性的價值。希望答案是肯定的，儘管有時會感到絕望。從高樓的窗戶上，我經常看到猛禽在上升暖氣流中翱翔，尤其是在秋冬季節，我喜歡看著這些鳥跨越高空以優雅的弧線俯衝而下，但是我無法想像自己的感覺，**我肯定喜歡這些鷹，以及其他大鳥、老鷹、禿鷹、獵鷹，如果所有的鳥都是這樣，那真是很棒，因為牠們為我帶來了很多樂趣**。那自信華麗的北美紅雀怎麼辦？沉思的蒼鷺？傻氣的啄木鳥？精緻的小雀呢？我想活在一個由成千上萬種**不同**葡萄酒構成的世界，這些葡萄酒的差異遠大於郵遞區號，每種葡萄酒都是斷片，揭示了我們腳下踏著的這個可愛綠色世界中，那無盡的變化和魅力。

第六章
產區和品種

當你看著一九六〇年代以前的摩塞爾酒瓶，即使是最佳葡萄園生產的酒，酒標上也幾乎不會看到麗絲玲這個詞。

布根地酒標不會出現**黑皮諾**或**夏多內**這個詞，梧雷（Vouvray）和莎弗尼耶（Savennières）的酒標不會說著裡面是**白梢楠**，巴羅鏤和巴巴瑞斯柯（Barbaresco）的酒標不會說明品種是**內比歐露**（**Nebbiolo**）。經典的舊世界總是奠基於葡萄酒歌頌著的**產地**，而我們須另外學習葡萄品種的名字。

新世界標記葡萄酒時，首先會標記該酒款無資格標上的產地名稱，因此**夏布利**代表法國北部特定產區的含義被奪去了，被貶低為白酒的偽造同義詞，就像**索甸**（**Sauterne**）被用來代表甜葡萄酒，**香檳**正被如此誤用。我想像有一天，隆格多克（Languedoc）會出現一名酒農，正在用「那帕谷卡本內蘇維濃（Cabernet Sauvignon）」的酒名裝瓶，當加州人義憤填膺地做出反應時，我們機智的英雄會溫和地說：「嗯，你知道的，在法國，我們的**那帕谷**一詞代表的是烈日下生長的卡本內蘇維濃」——然後引發爭論。

後來，更野心勃勃、更煞費苦心的新世界葡萄酒商試圖將自己的酒款，與那些「借用」產地的烏合之眾酒商區分開來，從而誕生了品種酒標時代。開始以「新世界」產品進行葡萄酒教育的消費者得到了「葡萄品種就是一切」的訊息，唉。他們便因此錯失了關於葡萄酒最關鍵的知識。布根地是一個真實地點，與剛好在那裡種植的葡萄品種無關，你造訪布根地就會知道了，這裡是**布根地**，而不僅是「法國東部的黑皮諾」，鎖定在脫離產地背景條件的葡萄品種，是見樹不見林。

葡萄酒歷史學家比我更博學，屢屢詳述了數百年來，歷經艱苦的嘗試和錯誤，最終人們才明白，某些葡萄品種似乎能在特定地點釀造出最好的葡萄酒。但是，我們須記住是什麼引導這種尋覓，不僅是對「最佳」葡萄酒的渴望；也是希望以風味的形式聽見土地的聲音。你可能會抗議這只是詩意，但是當以手工耕種土地時，農人離土地更接近，更瞭解土地的生命，而他更扮演了保持土地生命力和健康的角色。為了達到葡萄品種的最佳選擇，就像在老式收音機上調節刻度盤一樣；以微小的增量進行調整和移動，然後突然出現了一個清晰的訊號。當一種葡萄喝起來有家的感覺時，它述說土地寫下的文字時聲音會更加清晰。

一旦葡萄品種決定了並加以編纂，人們便開始研究其在不同產區的各種土地上，葡萄表達自我的不同方式，這種表達方式不僅僅涉及果實成熟，因為如果果實無法成熟，釀酒人便無法生存，也就根本不會選擇這種葡萄。葡萄、土地和人之間必須達成一種協議，使三者都知道自身之位及要謀之事。我知道這樣的說法會引起一些線性統治論者的怒火，這些論者多數來自新世界，但至少我對麥可．波倫（Michael Pollan）[42]在《慾望植物園》（*The Botany of Desire*）中大膽的想法**大感興趣**，他認為不是我們選擇了我們所要種植的植物，而是這些植物選擇了我們。我不會堅持認為這是事實——或是真理——但我願意相信品種與栽培之間的共生關係，因此很難回想雞生蛋蛋生雞的事。

我們總是回到產地這件事上——因為這個產地不同於其他產地，而有時一個產地與任何其他產地都不一樣，如果在一個產地種植相同品種的葡萄，產區將成為至關重要的變量。是的，我知道無性繁殖品種（clonal variations）——它們有很多微小的劣種變異，在某些產區比其他

42 美國首屆一指的飲食作家、行動主義者、新聞學教授，著作屢獲《紐約時報》等各大媒體評選年度好書，也是「詹姆斯．比爾德獎」得獎作者。

產區更多。但是以德國那赫產區為例，基本上有兩種麗絲玲的無性繁殖系無人能辨別出各自的風味，但在其葡萄樹下則是在地風土愛好者的天堂（Valhalla）[43]，一種地質沼氣使得其土壤每隔幾公尺就變化一次。花一天時間品嘗那赫產區的麗絲玲後，各位可以再試試捍衛品種至上吧，你會發現產地似乎同等重要。

所有那赫產區麗絲玲的味道都像麗絲玲，沒有人會質疑麗絲玲是該產區目前條件之下的最佳品種，但麗絲玲本身的風味在此處沒有多大意義；吸引我們的是比鄰葡萄園之間所產生的驚人風味變化。一地可能是花香，鄰園則可能多帶點果香，而**它們的**鄰園也許擁有更多礦物風味，又或者果香、花香和礦物味之間有更多變化，而這些差異可能發生在相距僅幾公尺的地方。看似神奇，同時也相當有趣，因為當目標充滿了明顯的區別時，我們人類喜歡對比、比較和分類。而我們發現辨認一片非凡土地的成果有多麼容易，一片偉大葡萄園的酒款不僅僅成熟度更高，各方面也都更具表現力、更複雜、更美麗。也許果實完全沒有比較成熟，但那兒有種奇異之處，一種伴隨品種樂音出現的歌詞。

有時，我會將其稱為特級園效應，這並非源自葡萄，而是一種深遠的境界，在此境界中葡

43　北歐神話中的天堂，亦意譯作英靈神殿。

萄可能會被吸收到更深層的整體之中。特級園是大地的性感帶，某種末梢神經的匯合處，被陽光照射會刺痛，這就是為什麼過去的葡萄酒酒標不會包含品種名稱——因為產地更形重要。

如果要求我在葡萄品種中選擇，或選出我認為是普通、上乘的或優質的葡萄品種，我不會止步於葡萄酒的風味。有些葡萄無論種植在哪兒，其酒的風味都令人苦惱地相似，還有一些品種在某些產地的味道極佳，在其他產地則令人生厭。我喜歡有性情的品種。舉個常見的例子——卡本內蘇維濃；毫無疑問地，偉大的葡萄酒是由此品種釀造（雖然偉大的葡萄酒也會運用其他品種作為混調的夥伴），同時也毫無疑問地，無論其身在何處偉大的方式也都**如出一轍**。而且因為它們天生風味誘人，所以到處都種植了。大多時候，卡本內蘇維濃壓倒性的「品種特質」會將產地風土踐踏在腳下。當一位像樣的的品酒師都無法分辨聖朱里安（St. Julien）與那帕谷的卡本內蘇維濃有何不同時，那麼我們該為這個世界感到悲傷，而非慶賀。

另一個最容易無聊化的品種是夏多內——也許我們應該稱其為**夏無聊**。世上無疑充斥著滿坑滿谷麻木世俗的「哄騙酒款」（spoofulated wine，我很喜歡這個新詞，完美詮釋了為獲得高分而設計成激起興奮感或「變時髦」的葡萄酒）。夏多內似乎適用於迎合味覺，這很可惜，因為至少在一個產地，這個品種會以它深度清晰的力量說話——夏布利。但請細想：夏布利為

「被低估」的葡萄酒，因為其表達力太強和個性特立獨行，以至於無法被廣泛的市場欣賞。有時，我懷疑一名擁有天份卻缺乏經驗的品酒師第一次喝到夏布利，甚至不會知道它是由夏多內釀製的吧，我也懷疑夏多內是否無可避免會成為夏布利的表徵。想像一下，如果白蘇維濃（Sauvignon Blanc）和阿里哥蝶（Aligoté）是從現在生長的次等土地「發揚光大」，然後進一步引進一級園或特級園。如果把麗絲玲種植在夏布利呢？但是，如果我們假設夏布利之所以為夏布利是**因為**夏多內，那麼我們必須得出的結論是，如果夏多內生長在它所屬的地方，它至少具有偉大的**能力**。我同時也想到了香檳，最燦爛美麗、最複雜的葡萄酒是老年份的白中白（Blanc de Blancs）[44]。

但是，夏布利與麗絲玲一起種植的愚蠢概念又是什麼呢？有時可能很難將葡萄品種與風土分開，因為風土當然會透過葡萄品種說話，也因為很少見到在偉大的風土種植超過一種葡萄品種，少見，但並非不可能。

想想一下奧地利的瓦郝產區吧，這個產區和阿爾薩斯（Alsace）是我唯一想到的產地，這裡的特級園經常種植超過一個以上的品種，例如綠維特林納與麗絲玲。是的，某些地點（多

44 以單一品種夏多內釀製的香檳。

數是地勢平坦的沖積平原葡萄園）不屬於麗絲玲，但綠維特林納至少能釀製出中等品質的入門級酒款。但是，許多頂級葡萄園，如 Kellerberg、Steinertal、Loibenberg 和 Achleiten 都種植了這兩個品種，為飲酒者提供了難得的機會一睹從葡萄中**萃取**出的風土。那我們看見了什麼呢？

我們看見了這些特級園的身分是如此強大，取代了葡萄的風味——不是壓制葡萄的風味，而是將之擺在適當的位置。碰巧我每年都會從天國般的 Leo Alzinger 酒莊嘗到 Steinertal 和 Loibenberg 葡萄園的兩個品種。相信我，Steinertal 園**始終**如一，這杯麗絲玲與另一杯綠維特林納，都訴說著「綠色」、充滿狂暴的草本味、銳利的萊姆味。帶有熱帶香氣的煙燻風味 Loibenberg 園也是如此，它逼出一些讓葡萄酒如此有趣迷人且無法回答的問題。如果麗絲玲不存在，我們會品嘗綠維特林納並想著：**這是這些土壤的理想葡萄品種嗎？怎麼可能會有更好的品種呢？**這兩個品種有什麼共同點，可以使它們如此精確地傳達風土？是它們的深層根系和晚熟特性嗎？我們能知到這一切嗎？更奇怪的是，麗絲玲在瓦郝產區很稀有，直到出現滴灌法（drip irrigation）；枯萎的臺地過去曾種植紐伯格（Neuburger），但是當灌溉法讓麗絲玲得以生長時，它就成長了，土地發現了自身最崇高的聲音。

我最喜歡的葡萄是與其產地交織不分的葡萄。葡萄和產地不再能夠脫鉤，就像拉扯一條毛線而整件毛衣都會鬆開一樣。但是，當被迫單獨考慮葡萄品種時，我心中毫無疑問，由任何本質來說最偉大的葡萄品種即是麗絲玲。

如果麗絲玲有任何問題，那就是會把我們寵上天。瓦郝產區 Jamek 酒莊的漢斯．阿特曼（Hans Altmann）曾說過：「有時我會想著，喝下任何一口非麗絲玲的葡萄酒都是一種浪費。」麗絲玲如此數據般地精確，表達能力如此之好，細節方面又是如此奇特如點描畫作。相比之下，其他葡萄酒幾乎顯得啞口無言。

如果將麗絲玲種植在屬於它的地方，從此地生長出來之時已然完美。麗絲玲不利於大咖「釀酒師」的哄騙，這些人急於賣弄他們的酒窖等級，麗絲玲抗拒臉部拉皮、除毛、豐胸手術等流派的釀造法。麗絲玲不僅意味著風土：它把自己身為葡萄的身分納入了土壤、土地和產地更偉大的意義。麗絲玲比任何其他葡萄都更親密瞭解土壤，這也許是因為它在秋天成熟得很晚，因此在葡萄樹上的生長時間也比其他品種長，並且因為它在深厚岩層的貧瘠土壤中茁壯成長，因此可以把根深探。麗絲玲因為這般地合作，而受到所有種植該品種的人的喜愛——這名天后最淋漓盡致的一點，就是除了最殘酷的霜害，它都能夠存活，對疾病的抵抗力很強，並且在不犧牲風味的情況下仍能完美收成——也許是因為它在秋天晚熟，此時萬物都變得整潔、涼爽又金黃黃的。麗絲玲葡萄酒是知足世界的餘輝。

麗絲玲能在任何表現方法中茁壯，不甜的麗絲玲酒款可以表現出極佳的集中度和表現力；其微甜酒款的餘韻更悠長，風味更優雅；近乎於甜酒的版本是果香和礦物味的完美典型；甜酒版本則是獨特且淘氣有趣。

它也是佐餐的最佳拍檔。如果從今天起，你發誓什麼酒都不喝，只喝麗絲玲，並且只吃能與之搭配的食物，那麼其實飲食不會有什麼改變，除非餐點由稀有的未調味紅肉和帕瑪森起司焗茄子組成，同時還可以找到一直以來「很難」搭酒的無數餐點的解方。麗絲玲可能是世上最複雜的葡萄酒，但從未自吹自擂；它是團隊合作者，扮演讓食物味道更好的角色。麗絲玲並不害羞或扭捏作態，它謙虛而圓滑，但是如果把注意力放在它身上——它從**不堅持**要你這樣做——就會發現一片平靜的水面之下別有洞天。很諷刺，不是嗎？最有料的葡萄以最溫和聲音訴說它的酒。

麗絲玲經常為飲酒人提供兩件事：酸度和低酒精濃度。酸度由果實本身所擁有，其酸度在餐桌上創造了最大的魔力。低酒精濃度是送給飲酒者的贈禮，飲酒者不願在主菜送上時陷入半昏迷狀態。麗絲玲需要一定的成熟度，但是一旦達到，就不需要更多，且其價值並不倚靠成熟度來證明。我們也不會犧牲風味，因為我們讚賞麗絲玲的純粹適飲性。這世上沒有哪一種葡萄酒比酒精濃度八％、令人心癢難耐的摩塞爾 Kabinett[45] 等級酒款更具風味。

麗絲玲的陳放能力堪稱傳奇；隨著時間的推移，沒有其他品種的酒款會歷經類似的質變。當你品嘗優質的麗絲玲老酒時，幾乎無法推斷出該酒款年輕時的風味。當我們見到一隻蝴蝶卻不知道蝴蝶從何方而來，我們想得到蝴蝶出身自毛毛蟲嗎？

麗絲玲種植的地點也很講究，它的家鄉位於萊茵地區（Rheinland，德國和阿爾薩斯）以及奧地利，並且某些令人興奮的跡象顯示澳州的某些地區也可能是它的家鄉——時間會證明一切。種植在「不適合」的產地不會令它不悅；只是變得無聲，生成一種簡單的葡萄酒，如果太成熟或太甜就可能會膩口。麗絲玲是貴族，但它腳踏實地，因為知道自己正在解譯寫在土地中的文字，它根本的謙遜體現於種植它、愛它並因之喜悅的人們身上。

黑皮諾身上也經常有類似的形容。深愛麗絲玲的人幾乎總也喜歡黑皮諾，和我一樣，但黑皮諾因其釀酒因素的複雜而蒙上陰影。另一方面，麗絲玲則很簡單，它乞求（並接受）酒莊

45　由完全成熟的葡萄釀製的葡萄酒，通常在九月份採摘，以淡色風格釀製，酒體輕盈，酒精偏低，酸度明亮。

內「少即是多」的處理方式，因為它早已具備所有風味。你可以用不同的方法澄清葡萄汁，儘管最好的酒農只是交給地心引力來做，而不是用離心機、濾酒機或分離器攪動。如果想要釀出一種更渾厚的葡萄酒，則可以破皮壓榨，或者如果想要釀出一種纖薄透明的葡萄酒，則可以壓榨整串葡萄。可以運用野生酵母以**全自然**方式發酵，也可以使用人工培育酵母，只有最出色的品酒師才能區別出兩者的不同。如果想要最大化保留原始的葡萄和礦物質，可以使用不銹鋼槽，如果想要更具二級（vinous）、三級香氣（tertiary）[46]的風味，則可以用**中性**的橡木桶[47]。但是這些都不是內容，而是字型。

礦物風味是麗絲玲天生固有，因為從本質上講，該品種比水果具有更多的礦物質。麗絲玲這類的酒款是一種帶有礦物風味葡萄酒，根據產地和年份的不同，其中交織了各種水果。但是有大量（有時是故意的）M開頭字眼的歪曲，這是爭議經常的避雷針，通常都不太誠實。

我們不知道人們稱為礦物風味的味道是否為葡萄酒溶解實際礦物質的痕跡，我個人認為不是，更準確地說，是我對這個問題的不可知，因為沒有（尚未？）證明這是真的，但是確實有

46　二級香氣指酒精釀造過程產生的香氣，三級香氣指葡萄酒裝瓶、陳年後緩慢形成的陳年香氣。

47　指使用了三到四年的木桶，繼續用來儲存葡萄酒仍可為葡萄酒帶來緩慢的呼吸作用，但不會再為酒體提供風味和單寧。

什麼成分創造出明確有形的風味，我們不知道那是什麼成分或如何產生。不同類型和個性的品酒師會用各種說法形容這種風味——「碎石味」、「潮濕石塊的味道」等。我曾經聽過一個初學者將香檳的味道描述為像是「舔到牡蠣的殼」，這幾乎是不誇張的事實：白堊土無非是海洋生物的殼和骨骼的堆聚，而香檳則生長在白堊土上。

我認為礦物味或許是最崇高的風味，因為它是一種隱喻，而隱喻發揮了想像力。另一方面，果香則很容易識別——酒的味道像是蘋果或梨，這個像桃子，那個像瓜果；一旦識別出來，就不再思考了。相比之下，礦物味能引起聯想，甚至神秘，我們不知道那味道是什麼或如何達成的，我們對不可知的迷人之處愈來愈有意識。

我不會總是喝麗絲玲，雖然我幾乎不介意這樣做。不過，有時候還是需要一些更異教徒類型的酒，此時我就會召喚我最罪惡的葡萄酒愉悅：施埃博（Scheurebe）。

施埃博（shoy-ray-beh）通常被簡稱為「施埃」（Scheu），該品種可謂是看了《印度愛經》之後的麗絲玲。換句話說，如果麗絲玲是異裝癖者，施埃博就能扮演麗絲玲，如果麗絲玲表達了一切崇高與善意，那麼施埃博就提供了一切骯髒與趣味，它是麗絲玲的邪惡好色版雙胞胎。

該品種起源於植物學家格奧爾格・施埃（Georg Scheu）在一九一六年進行的雜交實驗，該品種與麗絲玲同進退當然是很引人注目的，但是它本質上與麗絲玲**同類型**，並在其上增添了一道邪惡的樂趣。施埃通常會讓人聯想到粉紅色葡萄柚、鼠尾草、黑醋栗和接骨木花的味道，當它不夠成熟時，可能會聯想到貓尿。但施埃有一種無可解釋的魔幻把戲，不管它有多炫耀浮誇，也可以顯示傑出的品味和優雅，並且可以搭配麗絲玲無法搭配的餐點，麗絲玲對那種餐點來說太纖細了。世上每個有亞洲風味料理的地方都應該備有十五款施埃博，該品種能生產出色的不甜葡萄酒（需要葡萄足夠成熟，否則會帶苦味），也可以產出美妙微甜的葡萄酒，以及令人興奮的甜葡萄酒，其泥土味、辛辣味、花香似乎使味蕾遠離甜味。

當然，口味會有所不同，對我來說血脈賁張又引人注目的酒，對你來說可能是炫耀而又粗俗的，但是如果你喜歡施埃，那麼你真的會無可自拔。它幾乎沒有麗絲玲的精神深度，但麗絲玲也缺乏施埃的情慾，我們的飲食都需要均衡。然而，無論我們的施埃如何翻雲覆雨、香汗淋漓，它都不能排除某些鎮定、某種境界，某種……有人敢說是……貴族氣派？施埃可能很愛招搖賣俏，但絕非出身低下，而且我懷疑葡萄酒世界中是否有酒得以望及項背。

施埃可以存放，但不會像麗絲玲一樣隨著陳年而變化，它會有相對比較喜歡的土壤，但不像麗絲玲那麼敏感。確實，它享有類似於麗絲玲的條件，這可能就是為什麼我們看不見更多施埃的原因；如果有選擇，大多數葡萄酒農都會種植麗絲玲，因為麗絲玲有更廣泛的受眾且賣價更高。施埃幾乎從來都沒有礦物味，然而種植在特級園中可以抑制其放肆鋪張的性情，並提供其自身存在的複雜度。這是一個葡萄酒控的罪惡秘密，很有趣，但也足以不侮辱一個人的智慧。儘管如此，必須說施埃的表現超越了自己的位置，這就是為什麼雖然這個品種非常好，但幾乎永遠不會很偉大。

最偉大的葡萄是那些能讓你忘乎所以的葡萄，其中包括奇特而洞察的白梢楠。白梢楠是個極其挑剔的傢伙，似乎只在沿著法國羅亞爾河及其支流的一小片帶狀土地上盡力而為。

如果說麗絲玲是一款出色的葡萄酒，那麼白梢楠的光芒更加**光輝燦爛**；它的光線更加柔和，更分散。如果說麗絲玲精神抖擻又精力旺盛，那麼白梢楠更加高貴莊重。它反映出產地的和藹光線，這樣的產地說著最經典、完美的法語，而相應的美好白梢楠聲音也同樣完美。該品種還沒有在其他任何產地釀造出優質的葡萄酒，甚至在羅亞爾河沿岸也沒有生產那麼多真正的優質白梢楠，但是當你找到一款，它可以像其他葡萄酒——其他**事物**——一樣讓靈魂得到擴展。

我們通常會用榲桲、玫瑰水和羊毛脂來描述這種酒，我經常會感覺到吹熄蠟燭的氣味（我記得一支一九八二年 Coulée de Serrant 酒莊的酒款，聞起來像整間教堂的蠟燭，我同時期待著會有一列修道士遊行穿過餐廳）。白梢楠比麗絲玲更加柔順，但是無法稱之為柔和。關於它的一切都是引經據典。

在撰寫本文時，我發現我也想到了皮蒙產區的內比歐露，它提供了相同的體驗。如果白梢楠用薄紗般的呼吸聲唱出羅亞爾河的光芒，那麼內比歐露則以其名詠唱著迷霧，還有大地、動物與散落其上的深色花朵、松露、紫羅蘭與皮革，但它們都不張揚，全都喃喃散發出迷人的美感。偉大的巴羅鏤和巴巴瑞斯柯是內比歐露最偉大的表現，完全不可測知，且奇妙地神秘。可以肯定的是，許多葡萄酒都是採用現代風格釀造的，擁有更明確、明顯且可觸知的芳香，但老派葡萄酒會在味蕾上舉行降神會。

確實，同時想到白梢楠和內比歐露這兩種如此不同的酒款相當牴觸。我發現它們有親戚關係，或者也許它們是一個罕見隱秘的幽靈國度的國王和皇后，它們的夢想允許讓你聽見。一支老年份的巴羅鏤，或是一支老年份的梧雷或莎弗尼耶發出了與世界風味不相稱的邀請；它們會將帶各位到一處水源，到自身的泉源。我經常感到它們消融了將我與世界分開的那層薄膜，這可能令人不安。

這種酒不容易找到，我們一生只喝過幾次，但是我們永難忘懷這些酒，或是這些酒帶領我們去的所在。在寫這篇文章的前幾週，我和太太在奧地利阿爾卑斯山的一家餐館裡用餐，餐館的廚師用當地的草本植物烹製餐點。我們喝了兩支令人驚奇的不甜麗絲玲，像霓虹般爆裂地嗡嗡作響，然後又喝了來自 Bruno Giacosa 酒莊的一九九三年巴羅鏤，普通的年份，但完全熟成。從麗絲玲令人暈眩，嬉皮笑臉的清晰度，行至巴羅鏤溫暖低吟的深度，我摸索著要用一種方式描述那種感人，彷彿麗絲玲以某種方式為我們準備好一切，要我們放心一切都可見，然後是煙燻的紅酒宛如暮色降臨……彷彿那一刻變得太黑暗而無法讀清。起身打開燈，看見地平線上低垂鐮刀般的弦月，打開窗戶聞到燒樹葉的氣味，夜幕降臨，傳來晚餐和烹飪的甜味，終於完全黑暗，心臟在身邊暗暗跳動。

我做出我很少做的事——那天晚上喝得有點醉了。為此我歸咎於海拔高度，儘管我深知並不是，但是那支巴羅鏤我沒有浪費任何一滴，它激起最深度的溫柔，因其擁有最深度的溫柔。

溫柔不同於情感，溫柔帶有曖昧的悲傷，所以我總是感覺得到。溫柔訴說著我們之間存在著不可減少的差異，儘管我們可能希望消除，但是我們不能完全一致，無論我們多靠得多近；它在那裡作為存在的條件，然後我們看見包圍我們的悲傷，想要彼此融合，而發現不可能；隨之而來的是慈悲，對我們這些悲傷又懷抱希望的人們來說都是如此；然後那層薄膜融解了，即便不接觸也融解於無形。

我不知道其他人的感覺如何，但是我自己知道，會使我悲傷的酒就是偉大的好酒，這不是一種苦澀憂傷的悲痛，而是德國人稱之為「天下之痛」（Weltschmerz）的感覺，一種憂思感。

在寫關於黑皮諾的篇章之前，我停頓了一下，對此品種我沒有太多要說的。有人稱黑皮諾為「紅酒版本的麗絲玲」，這很有道理。布根地不僅是黑皮諾，是令人心碎的美麗和令人沮喪的非正規存在。黑皮諾在葡萄園中很難耕作，而且總的來說有點挑剔。哪個明智的飲酒者會不喜歡它？布根地令人滿意且激勵人心；沒有它，我活不下去，我年輕時就很愛，而且我喜歡老年份，當我成為一個非常成功的作家時，我更常能夠買得起這些酒。

原諒我對黑皮諾的簡短描述，黑皮諾真是棒極了，既文雅又質樸，精鍊卻在地，複雜精細又直截了當，且不知何以既富有感官性，但其最完美的優點卻又在於其神祕難測。偉大的布根地似乎會爪扒你的內臟，但它的呼喚又如天使般令人神往。我們在談論體育賽事時會聊到卡本內蘇維濃，但在談論宗教時會聊到黑皮諾。如果我能喝盡我想喝的所有布根地佳釀，而在餘生中不得不以放棄卡本內蘇維濃作為代價，我會想念卡本內蘇維濃，但我依舊會這麼做。

然後是我心愛的蜜思嘉。在我所知的所有葡萄酒中，好的不甜（或半甜）蜜思嘉是最迷人的。我瞭解愛是主觀的且不可減小的，你可能沒有我那麼喜歡，或者根本不喜歡，我不會理解你，但事實如此。但是即使知道我對蜜思嘉垂涎三尺我也只是做自己。我認為有一種主張是可以押寶在這個品種上。

蜜思嘉可以使我們復原到幾乎原始無知的意識。我曾看著一個年輕爸爸用推車推著他的小兒子，他摘了一朵蒲公英遞給他的孩子，孩子怔住而後笑開，對著一朵常見的小花堆滿笑容，整個人的精神上都充滿了喜悅。不需要一個偉大的思想家就能觀察到我們在成長過程中會逐漸失去這種特質，就像也不需要出色的靈魂來錯失這種特質一樣。但是，我們不必懦弱投降，蜜思嘉可以把這種特質帶回來。

當我喝到上乘的蜜思嘉時，總是會經歷預知般的時刻。這些時刻可以恢復人們對一個東西怎麼嘗起來如此**美妙**的深層又難以獲得的記憶，彷彿進入了蝴蝶屋，突然之間所有色彩斑斕的小東西都飛來飛去，而你被自然界詼諧的華麗性嚇到目瞪口呆。

你必須小心，因為所有的蜜思嘉都不一樣。在阿爾薩斯，它可以與所謂的黃蜜思嘉（Yellow Muscat，又名小粒種蜜思嘉）和歐托內蜜思嘉（Muscat-Ottonel）的劣等品種混釀，因其較華而不實的香味和較柔和的結構而品質低劣。黃蜜思嘉種植很麻煩，在勇於挑戰晚熟和產量不確定性的人之間，這傾向於暗示某種程度的烏托邦狂熱。在德國和奧地利，你可以找到由百分之百小粒種蜜思嘉（Gelber Muskateller）所釀造的葡萄酒，這種酒可以使你感受到失重般的幸福。

當然，我最愛的最後一個品種是奧地利的綠維特林納，此後簡稱為綠維（GrüVe）。為什麼說「當然」？因為就風味和**實用性**來說，它都是非常重要的品種。

你可能還記得我代理奧地利高尚的不甜麗絲玲所流露的情感，麗絲玲是該國最好的葡萄酒，我為我酒窖裡的每一瓶而欣喜，但我每喝一瓶奧地利麗絲玲就喝三瓶綠維。在餐桌上，綠維特林納是目前世界餐桌上最靈活的不甜白酒。有一天，會有一個真正任性固執且有遠見的侍酒師只將綠維列為不甜白酒的選擇，很少有餐點會想念缺席的其他選擇（除非菜單是風格融合料理，需要搭配有殘糖的白酒）。綠維有許多種表現，從能像泉水一樣牛飲的淡酒，到巧妙滲透料理的中等濃度酒款，再到能與「重要」料理搭配的渾厚又迴響的葡萄酒。

但是，不甜麗絲玲不也是一樣嗎？這樣說吧，是的，但不是要為之辯護。不甜麗絲玲是世界上**較為靈活**的白酒之一，但綠維具備更大的酒體、更寬敞的結構和與麗絲玲殺手食物協調的特殊風味，從而超越了麗絲玲。如果這不是奧地利的品種而是義大利的，那麼它會被稱為 Valtellina Verde，葡萄酒世界也將掀起一陣騷動；最終，一款真正**偉大**的義大利白酒於焉誕生！裝在醒酒瓶（carafe）[48]中的普通酒將在戶外（alfresco）被喝下肚，而其嚴肅的葡萄酒將被用於盛大（grande）場合。我們還會因為它很適於搭配辛辣特殊的沙拉而欣喜不已，例如使用日本蕪菁或**芝麻葉（arugula）**的沙拉，更別提通常對葡萄酒避之唯恐不及的每種蔬菜都能與之完美搭配——朝鮮薊、蘆筍、酪梨，以及所有煮起來會讓家裡很臭的蔬菜，如綠花椰菜、白花椰菜或球芽甘藍等。

48　一般會在酒莊裡訂一只橡木桶，每一天將普通的酒款分裝在 carafe 裡作為佐餐酒。

綠維似乎完全是奧地利獨有的，它具有維也納人的機智和漫不經心，也具有鄉村的堅實與精力，它是教堂式的巴洛克風格，但其酒比德國葡萄酒更有形具體，德國的葡萄酒則更神秘。即便是成熟的綠維（此品種會刻意陳年且可長達很多年），其複雜性雖令人興奮，但仍然比較接近**食物**而非謎團。

根據生長的土壤，綠維具有兩種風味，儘管之間存在一定程度的重疊。在黃土（一種富含礦物質的冰河沉積土）中，會朝向「柔和」、扁豆味的方向發展。有聽過它被形容成像豆類、酸模、草甸花、含羞草和夾竹桃、大黃與青豆，如果更具想像力一點，還會出現苔蘚、石南花和岩蘭草的味道。在稱為原生岩的火山和變質土壤上生長的綠維則是另一個故事；胡椒是經典的描述詞，還有帶辛辣味蔬菜，如小白菜和水芹等蔬菜。如果是非常成熟的綠維，則有黃楊木、菸草葉、草莓的味道，且礦物味是如此密集緊密，讓人聯想到鐵礦石。

綠維就像白蘇維濃和維歐尼耶（Viognier）結合所產生的某種假想後代，擁有父親的清新強硬、草本風味和母親的花香，然而事實上也沒有那麼相仿，它實際上是頑固的自我，而一旦遇到它，可能無法想像少了它的生活。

第七章 葡萄酒之外

本書不是第一本由專業葡萄酒進口商所寫的著作，我也希望本書不屬於任何類似「我做過的美好之事，以及我所認識多采多姿的人們……」的文體。這種聚焦於自我的方式似乎以某種方式扭曲了經驗，就像遊樂園裡鏡中的那樣，鏡子使某些事物看起來比實際小，某些事物看起來又比實際大。但是，我該怎麼確定我撰寫的與曾經歷的實際情形一樣？

我開發了一系列酒莊，我選擇、推薦並銷售其葡萄酒，我所選的每一款酒只是為了我自己的樂趣，從來沒有考慮到市場。一系列酒籍資料反映了我的偏愛，部分原因是出於自我放縱，另一方面純粹出於實用主義；因為我知道我不是一個夠好的業務，能推銷我不相信的東西。隨著時間流逝，銷售模式出現了，我開始點滴收集一種模式，價值體系也從固定模式出現了。本書與這些價值觀有關，但是如果我將我的工作視為乏味平淡的待辦事項，出售葡萄酒然後忠於我的酒農和客戶，我可能會感到某種羞愧。感覺好像無論我做了什麼，我都應該做更多。

我在工作中提供的協助受到人們的銘記。有些酒農默默無聞，我幫助他們贏得世界性的聲譽。我至少為一位酒農帶來成功，他原本使用的方法不會成功。那是一家很小的酒莊，幾乎散裝出售所有葡萄酒，直到我出現，此後很多極佳酒款都是為我裝瓶出售，如果我不想要，這些酒款將蕩然無存。

時間總是太短。我認識一個德國酒農，他是一名虔誠的佛教徒，他對於土地、葡萄樹和葡萄酒的所有話語都與他們的「能量場」有關，以及他的選擇是如何阻礙或鼓舞這些力量。我對佛教抱持不可知論，但對專心的葡萄栽培實作深感興趣，而且我也認為當釀酒人認為他的土地和葡萄樹的每一分都與他本人一樣真實時，這項工作將更加真實。我渴望與這個人共度一天，漫步在成排的葡萄樹邊，給蟲子和鳥兒命名，將我們的手放在泥土中，偶爾問他一個問題，並聽聽他對該問題的看法。我想要這樣，而且他值得擁有我的充分關注，要花多少時間都可以，他願意給我多少時間都可以，但什麼時候才有時間？我還有六十九家酒莊要參觀，我無法在歐洲待上六個月，我也還有酒要賣。

我想多瞭解這位佛教徒酒農，以及所有代理的酒農們，他們有得到我足夠的支持嗎？他們知道我相信他們及他們所做的事嗎？當我匆匆趕赴下一個行程時，他們的感覺如何？關於他們的經歷，我能說些什麼？

當然，獨立葡萄酒農與任何行業的人一樣多元化，但是多年來，我注意到了一些共同面向，其中之一是無論成果多麼完美，真實的葡萄園工作還是會滿頭大汗。我認為各地的酒農都會享受用機靈尖銳的言語嘲弄我們這些美學家，因為只要有一位對於田園鄉下的收成存有幻想的人，就會有一名雙手被蜜蜂螫得到處都是的酒農。因此，這些深知我們旁人無從體會之事的酒農們集結了協會。他們彼此交談時，你就會聽到這些事。他們很少徘徊在美學上；他們談論他們**所做的事**，種種世俗的細節。

這個職業不會傾向吸引神秘的氣質，也不一定撫慰喜歡用寫作表達自己的內向者。我認識的大多數酒農比較像農夫，而不像**藝術家**。我有時會寄出具有洞察性的問題給他們，讓他們可以在閒暇時反思和回答。這看似很合理，但這麼想卻傲慢自大。最終我得知許多酒農發現這些問卷「太像在上學」（許多酒農都討厭上學），而且他們僅有的少數空閒時間會花費在家庭、娛樂和休閒上；回答進口商的懇切詢問，其優先度大約介於是根管治療和刷洗淋浴間的石灰垢污之間。

但是，我身為一個城市男孩，我對於自己距離葡萄栽種簡樸辛勤的距離而感到內疚，如果我是酒農，我會鄙視自己。因此，我試圖瞭解酒農在土地上的經驗——不是當我們在他的品酒室或打銷售電話時，而是當沒人在現場觀察他時，他的工作狀況為何。

這是鞋上的爛泥

昨天是四月下旬，我住的地區有貓鵲經過，當我聽見那美妙而隱秘的聲音時，我正走過一家使人麻木的購物中心。我的視線跟隨鳥到一棵樹上，發現那隻瘋鳥停在低矮的樹枝上，即使我走近也無動於衷。我在那裡至少站了十分鐘以上，鳥才發出第二次鳴叫。我甚至打電話給我太太，然後持著聽筒幾分鐘。如果從未聽過貓鵲的聲音，你無法想像牠們的創造力和隨性。

我想到這件事是因為有很多葡萄酒農告訴我，他們喜歡走到葡萄園時聽見的鳥鳴聲，有個非常粗勇的人跟我說他會在夜鶯來之前數著日子，這使我驚訝，他似乎是那種樂於談論拖拉機的人，但人們總是出人意表。

在這些生活中製造天真的浪漫是很容易的。「葡萄樹的子民」是天真的作家所使用的典型過度語言，止汗劑或蜜蜂刺的子民會比較接近真相。我花費過去的二十五年與葡萄酒農做生意，但與一些同行不同，我沒有釀造葡萄酒的野心。我沒有這種能力，我只要處理美學的事就好了，謝謝。但是我想知道選擇成為酒農的人之間是否有共同的氣質，我也想知道他們從中得到了什麼。

請記住，我經營的是舊世界酒款，並且只跟家族酒莊往來。葡萄酒農家族的孩子歷經了非常強的凝聚力，與小農場的家族非常類似，這種凝聚力會惹怒某些人，有的則是漠不關心，還有一些則受到吸引。父母嘴上會說著孩子們有選擇的權利，但持平說，這通常不僅只是嘴上說說而已。年輕人絕不必然會跟隨父母的腳步，如果他們這麼做了，那將是極大的解脫。對於美國人來說，這種選擇似乎很老派奇怪，因為我們民族神話的一部分是走自己的路的完全權利。那股潮流也流向歐洲，並流傳到鄉村生活中。然而，他們有自己的神話，與接掌家族企業的傳人的世代尊嚴有關，如果你是一個年輕人，你的家族酒莊可追溯好幾世紀的無數世代，那麼一定得有個非常令人信服的理由來打破枷鎖。美國人可能會對自己無從選擇的人生感到束縛，歐洲人可能會在世代相傳的傳承中看出美。兩者都是對的。

與我合作過的許多酒農現在都退休了，並將酒莊交棒給女兒或兒子。讓我著迷的是什麼決定了這些年輕人的選擇。在我看來這種決定很不可思議，因為我並沒有將葡萄種植浪漫化；

其中大部分是相當粗暴殘酷的事務。所以我問自己，這樣的生命需要承擔什麼？誰選擇了這條路，為什麼？一旦選定，哪方面會帶來最大的滿足感，甚至最大的快樂？

答案很多，其中有些答案還很含糊。我認識似乎沒有考慮過的人，已經「假定」他們會繼續釀酒，但是他們似乎一點也不開心，沒有任何跡象顯示他們渴望自己做的選擇，也許他們鬆了一口氣，因為不用再面對自創的嚴酷考驗，或者也許他們目睹釀酒人的生活並喜歡這種生活。德國的風俗是將年輕人從巢中趕出，並鼓勵他們廣泛旅行。尼爾斯泰因（Nierstein）年輕的塞巴斯汀．斯特布（Sebastian Strub）就是個典型的故事；他在紐西蘭待了一個學期，去了日本看了斯特布的進口商工作，在奧地利和德國從事**戲劇工作**，因此當他回到酒莊接班時，他需要擺脫體內的流浪癖，然後學些東西。現代的年輕德國釀酒人可能生活於農村，但目光並不短淺。

卡洛琳．迪爾（Caroline Diel）走了另一條路。她的家族酒莊非常傑出，她的父親投下了巨大的陰影，阿明．迪爾（Armin Diel）是歐洲最重要的葡萄酒記者之一，身為一個很難對付的莊主，他的所有考察也令人畏懼。卡羅琳很聰明有魅力，很漂亮且善於交際，她幾乎是無所不能。

她曾在布根地和奧地利的幾個酒莊當學徒，像流浪漢一樣流浪漂流，漫無目的，接著她前往紐西蘭，並在一間家族釀酒廠工作，她在那裡領悟了。「這不是工作，」她說，「儘管當然，我對葡萄種植和釀酒一直很感興趣，正是因為我看到這對年輕夫婦在**屬於他們的事物**中工作，他們才能在這裡實現自己的願景並建立些什麼。」

「像是什麼？」我問。

「我等不及回家了。」她說，「我的意思是，就是這樣，所有人都在等我；如果我想要的話，那就是我的。」因此，她回到了萊恩堡（Burg Layen）這個小村莊，並開始以女莊主的身分建立自己的酒莊，絕對不在依靠父親的背景下進行，她還需要與酒莊的釀酒師和葡萄園經理打造自己的協議，他們都是父親聘請過的人。時間快轉兩年：我的年度造訪有點提早到了，而我和阿明正在多嘴和操心當天的爭論話題——卡洛琳沒有出現之前沒辦法開始品酒，這點你是知道的。片刻之後她來了，剛從葡萄園回來，面色紅潤，汗流浹背，她大聲大氣地走進品酒室，穿著重重的靴子顯得光彩照人。我們在討論新年份的酒款如何栽培之際品嘗了新年份，我一度詢問卡洛琳最喜歡這份工作的哪一點。她迅速回答：「對我來說，最好的部分是瞭解葡萄園，因為不能趕時間，真的必須花時間在葡萄園身上，看看是什麼使葡萄園發生作用。」

我記得赫曼．杜荷夫也說過類似的話。他在一個叫德興（Dellchen）的地方找到了優異地塊。大約四年後，葡萄酒的品質有了長足的進步。我留意到這件事到並跟他評論，他同意我，新年份與所有之前的年份相比都有長足躍升，我問：「是因為葡萄樹變老了嗎？」

「不是。雖然葡萄藤的確變老了沒錯，」他回答，「我不確定真的有什麼**原因**存在，除了我對葡萄園瞭解得更多，我們彼此都更常在家了。」我可以看到我思維具象、智力線性的朋友們咕噥著並翻白眼。這些**神秘主義**到底是什麼？的確如此，杜荷夫是我認識最就事論事的人，但是他非常明確談到釀酒人生命的此一面向：「我希望我的葡萄酒能傳達**故事**，」他說，「否則，它們只是物件，只是幾瓶酒，當然是好酒，但我希望我的酒能訴說一個男人在他風景中的故事。」

這真的如此含糊嗎？我想知道。任何曾經照料過花園的人都會經歷同樣的事，你瞭解了你的花園，花園對你做出了回應。否則還能是什麼？如果你是熟練的種植者，花園可能會以蓬勃的生長回應；如果粗心或怠慢，花園可能會以雜草和枯萎回應——但它們一定會回應。想像一下，它會以某種方式回應你所展示的**愛**嗎？如果你喜歡在自己的花園裡，如果你以充滿興趣、好奇和欣賞的方式觀察它，我們真的該堅持說它**無法**回應嗎？為什麼我們寧願如此相信呢？

當然酒農間的氣質會有所不同，但是我認識的絕大多數釀酒人都會同意，他們在葡萄園間工作是最快樂的。

儘管如此，因為世上有像是 Diel 與 Dönnhoff 酒莊的家族，在他們的勞力工作結束後，我們獲得了非凡的成果。年復一年，要知道一款葡萄酒為什麼或如何變得與眾不同並不總是那麼容易，更不用說是一批葡萄酒了。釀酒人愛葡萄愛到痴狂的確是一種生動的形象，但絕不是一種解釋，我們希望偉大的葡萄酒是可解釋的，但**普通的**好酒呢？如果葡萄園真的會對自身被瞭解和欣賞而有所回應，這種回應都會以不可思議的絕妙出現嗎？

我再次想起我們在第四章提到的 Erich Berger 酒莊。像我這樣的進口商始終都會注意競爭對手，不論是自身領域，甚至是全球葡萄酒業。我的麗絲玲與其他人的麗絲玲競爭，麗絲玲本身與其他葡萄品種競爭，以引起飲酒者的注意。競爭使我們沒有安全感，我們不願承認這一點，因為我們必須散發出自信才能進行銷售，但我們始終害怕對方的酒款會讓我們無力招架。因此，我們大驚小怪窮緊張，想得到**明星等級**的酒款。

但是，有些類型的葡萄酒會混淆這個假設。Erich Berger 酒莊並不打算生產「最佳」或最高分的葡萄酒；他想釀造**好喝**的酒。「這始終是家族灌輸我的觀念，首先是誠實、坦率和與時俱進，」他說，「這就是為什麼我想釀製出始終如一的好酒，我希望我的孩子像我小時候一樣繼承這個價值觀，我的哲學始終是調和自然，並理解其發出的環境訊號。」好吧，當然，你也許會覺得那是尋常的陳腔濫調。但是我看到的是，他在造福葡萄酒一事辛勤工作時的思想周延，這件事並不會使他成名，他可以迫使酒款變得炫耀賣弄，每個酒農都知道如何做，他的土地可以釀造出「令人印象深刻」的葡萄酒，但是他似乎滿足於釀造自願低調、令人享受又令人愉悅的葡萄酒。而這似乎與他身為公民、父親和丈夫的職責難分難解。

奧地利偉大的釀酒人之一威利．布倫德邁爾（Willi Bründlmayer）說：「我試圖使每個年份都接近**我的第一個年份**或**我最後一個年份**的精神，盡可能讓葡萄感到愉悅和喜愛。驅散所有常規，找出每個年份和每個葡萄的奇特之處。」

奧地利的海蒂．施羅克是這樣說的：「我的靈感來自葡萄樹本身，憑藉其強大的根系，它收集了來自表層深處的生命力，隨著根系變得愈來愈深，愈來愈複雜，葡萄酒變得更加有趣和多面向。在葡萄園裡工作幫助我理解自然，並瞭解自己的界限。」很有趣，不是嗎？葡萄栽培經驗的關鍵是**看不見的東西**，某種湧自世界中的東西。

有時酒農的靈感難以理解，他可能無法用語言表達，有時這種靈感太親密隱私，他比較傾向放在心裡，有時甚至可能連自己都不自知。我不認為這個靈感問題總是線性的——「我澆水時唱歌是因為我父親澆水時總是唱歌」或者「我使用的是817-B酵母，因為我父親使用那種。」當我第一次認識 Vilmart & Cie 酒莊的洛朗．香榭（Laurent Champs）時，我在酒廠和酒窖中看到許多染色的玻璃板，這只是個主題風格嗎？「不，實際上，」洛朗說，「我父親是一名彩色玻璃工人，我們去那裡吃午餐時，你會見到他的。」

洛朗的父母住在森林谷地的木製房屋中。我的法語程度大約是一個有天份而且興趣是葡萄酒的幼稚園小孩，但我設法傳達了我對彩色玻璃有多欣賞，我被允許偷看工作室，那裡像大多數的工作室一樣雜亂，像一間放了大型手提式收音播音機的難民營。彩色玻璃工人會聽哪種音樂？我偷看了那堆唱片，預期會看到阿福．佩爾特（Arvo Pärt）[49]或赫德嘉．馮．賓根（Hildegarde of Bingen）[50]，但我所能看到的只有邁爾士．戴維斯（Miles Davis）[51]的〈泛藍調〉（Kind of Blue）。

49 出生於愛沙尼亞派德，二十世紀愛沙尼亞作曲家，作品以合唱聖樂最為人所知。
50 又被稱為萊茵河的女先知，中世紀德國神學家、作曲家及作家。
51 美國爵士樂演奏家，小號手，作曲家，指揮家，二十世紀最有影響力的音樂人之一。他是酷派爵士樂創始人，也是最早演奏咆勃爵士樂的爵士音樂家之一。

第一次拜訪他是在十二年前，今年我問洛朗他父親過得怎麼樣，「他正在寫書，」他回答道，「主題是三種東方宗教，從光的象徵意義切入，以及光對這些宗教的意義。」

「你父親很神秘，不是嗎？」我說。

「噢，是的，非常神秘。」

洛朗本人能幹又充滿衝勁，他是那種會刻意跨大步走路趕飛機，身後拉著非常滑溜行李箱的那種人。他在葡萄園裡穿著牛仔褲的照片我只看過幾張，但是有時那道神秘的面紗會揭開，他會說出一些引人入勝又有洞察力的話，他曾若有所思地說一九九六年「不是愉悅的年份；是慾望的年份。」我喜歡這句話中刻意的模糊。某方面來說，理解慾望比愉悅更深刻很有智慧。

我和他一起坐在酒窖裡，想起他父親的書，這是一位終身彩色玻璃工匠所寫的關於光的神秘主義研究，在光中講的故事，講述了由神聖表達的神聖本身。洛朗是他父親的兒子；他的葡萄酒同樣散發出光芒，酒的風味彷彿從雅各的發光天梯轉動出來。我一直都能看見 Vilmart & Cie 酒莊酒款無限而溫柔的光芒——他在由黑皮諾主宰的經典產區裡，以夏多內為主體——現在我對這連結感到好奇了。他們酒莊最好的香檳寧靜而**美麗**，客觀上是極佳且一流的酒款，就像我喝的很多葡萄酒一樣，但是其他酒並不如它們一樣使我感動。我在筆記本匆匆寫下文字，以下就是我寫的：「風味是光射出的箭，被你的神祇、你的神祇們拜訪過的神秘甜美；是我們不會遺忘的保證，而每一顆微小漂浮的細微灰塵也理應受到光照。」

我想問洛朗，「你能告訴我，你父親的工作如何影響你的葡萄酒嗎？」但這個問題似乎很粗魯又很侵略，我懷疑這麼問是否有必要。我可以用**品酒**來知道答案。即使這完全出於我個人自以為的想像，但這位父親的兒子，他的葡萄酒也迫使出這種想像。我偏好相信這些連結，因為這種信念與我的直覺生命吻合。無論如何，這是無害的，聽到那些堅決**不相信**這種連結的人為什麼會這麼覺得——出於某種原因他們總是「堅決不信」——就像受到光的啟發。

有時當我與酒農交談時，他們喜歡在一開頭就提醒我，他們是農夫。如果各位正經手新世界葡萄酒，可能很容易忘記這一點，但是在舊世界——或我參與的那部分——你永遠不會忘記這一點。然而，他們的世界不僅只有農業，也包含銷售、行銷、宣傳、工程和技巧。如果種的是紅蘿蔔，那麼最終將收成紅蘿蔔，可以用一些措施確保獲得優質的紅蘿蔔，但當它們放入客戶的籃中，你的工作就完成了。想像一下，如果採收紅蘿蔔之後還要加工成湯或飲料，然後還要與其他所有紅蘿蔔產品一起進行評價、解構、打分數，經歷種種一切才能被列為紅蘿蔔飲料生產商。我不知道你會怎麼想，但這會讓我發瘋，難怪釀酒人喜歡到田裡，好逃離一下那些喧囂。

認識酒農可以幫助你瞭解口味，因為你會看到他們如何根據自己口味的喜好引領葡萄酒。不知道酒農是否會為他們的葡萄酒建構一種先驗**想法**——「我想用高酒精濃度製造一種強健質樸的葡萄酒」——他們製造自己喜愛的葡萄酒，然後他們可能會描述其原則，但是任何主導的哲學都源於自發性的偏好，隨著這些葡萄酒發展，他們的葡萄酒也在變化。海蒂．施羅克受酒窖中的相思樹酒桶影響，開始釀造出鄉村、古代風味的酒款，溫柔又有感染力。後來她開始偏愛更結實、更集中的葡萄酒，轉向她正學習珍惜的壯麗風格。

她並不孤單，但是海蒂是當地高明的品酒師之一，也是一位比較體貼周到的人。葡萄酒愛好者之間的常見錯誤之一，就是假設所有酒農都具備所謂的好味覺。的確很多，但並非全部。德國人有一個相當好的單詞叫「Betriebsblind」，這個單詞描述了由於過度沉迷於自己的業務而造成的盲目（或缺乏見識），但即使如此也並不總是負面的，你的產地和種植的葡萄浸透在一起，它與你同在，你不會與它分離，它在你的葡萄酒中展現出如此強大的身分定位，以至於飲酒者將以靈魂體驗它。工人和產地這樣純粹的整體性傳達了驚人的力量，我記得曾經聽說過 Ürzig 地區的阿弗雷德．默克巴赫被問到是否曾經休假。西格麗．塞爾巴赫一直給他看最近一次南非之旅的照片，他看照片的表情顯然很驚豔。那麼他想去哪裡休假呢？

他微微清了嗓子一下（就像他被問到一個直接的問題時經常有的反應），然後終於說，「休假？我不會真的休假。」真的嗎？我們問他，這世上有如此多了不起的地方能去走走看看呢？「噢，我不知道……我要去哪？在一個美好的夏日到葡萄園，身後就是摩塞爾河，此時的我便擁有一切快樂了。」

試圖透過釀酒人偉大精彩的作品，根據因果「理解」葡萄酒是一回事，這些葡萄酒的品質極佳，因此我們會認為它們的釀酒故事意義重大，有時確實如此，但不可能全然如此。羅夫和阿弗雷德·默克巴赫的生活同等寶貴的**部分**真理提供了另一個角度。

除了向他們批次購買酒款的少數商人和少數熟知摩塞爾的人之外，沒人知道他們是誰。幸運的是，其中一位友人是我的朋友，Graach 產區可愛的威利·薛佛，我在德國生活的十年間與他成為朋友，當我為第一份酒籍資料尋找酒莊時，我立即與他聯繫，我們很高興能聯絡上彼此，威利問我正在考慮與誰合作，「好吧，我很希望你能幫助我，」我回答，「有誰釀出了沒人知曉的優質葡萄酒？」他必須好好思考一番，一天後他打電話來說，「泰瑞，我想你會喜歡 Ürzig 地區的阿弗雷德·默克巴赫，尤其因為你喜歡我的葡萄酒。」

我動身了，沒有先約好，我隻身前往，認識了兩位中年的摩塞爾人，他們看起來像中央演員公司（Central Casting）派來的臨演，負責回應對繽紛舊世界德國葡萄酒農的請求。我認為他們從未見過美國人，他們很害羞，咯咯笑地回答了很多問題。他們非常像是一**體的**，羅夫與阿弗雷德，他們目前的年份幾乎都賣完了，但是明年我會在裝瓶和酒被代理前回來品嘗一下酒桶裡的新酒。

在一九八〇年代初期，默克巴赫家族舉世無雙，他們是小型（僅占地五英畝的葡萄園）、手工且偏僻的酒莊，與小村莊中成千上萬的其他摩塞爾酒農並無二致，但是有兩點很了不起：第一，一切僅憑他們兩個人，兩人都沒有結婚；其次，他們的葡萄酒非常出色。因此我們開始做起生意。

多年來摩塞爾發生了許多變化，許多小酒農無法生存；他們沒有想要繼承家業的孩子，或者隨著葡萄酒從日常生活的一部分擴大到鑑賞家和「專家」的範圍，經歷了部分的汰選歷程，激進式的葡萄酒報刊應運而生，如果想成功還必須過關斬將。所有文章都描述了葡萄酒消費的變化，簡而言之：「我們喝的葡萄酒變少但**變好**。」老一輩的人每天都喝葡萄酒作為日常飲品，不會像我們一樣狂熱地考慮這酒可能有多「好」，這個光景已經逐漸消逝，所以普通的酒農如果能賣就賣掉自家葡萄園，關門大吉。如果孩子想要繼續經營，這個年輕人會知道唯一的繁榮之路就是全力以赴，爭取最高品質並引起記者的注意，這意味著較低的產量（或者據稱較低）和其他投資，進而意味著較高的價格。這如此進步的世界，除了爾齊希布倫嫩（Brunnenstrasse）的一個小小角落之外，羅夫和阿弗雷德·默克巴赫在那裡繼續前進。

某年我到他們酒莊，看見一輛閃亮的白色福斯Jetta停在屋前，當羅夫和阿弗雷德·默克巴赫應門時，我說了幾句像是：「嘿，牽新車了啊！」他們笑著回答說，「好吧，是你幫我們買的！」我意識到，我對酒莊發揮的作用就是使它保持其原始形態存活，酒莊並沒有擴展，價格似乎幾乎沒有讓步，這年頭人們談論默克巴赫彷彿是在談論某種人類學展覽。

這兩兄弟很可愛，他們更老了，現在更是皺紋滿面了，但認識他們的每個人都對他們充滿崇拜。我認識他們有四分之一世紀了，他們仍像我們初次見面時一樣害羞，這或許是他們仍然維持單身的原因，儘管在客廳兼品酒室裡掛著一幅母親皺眉不悅的肖像，或許提供了另一條線索。而我寫給消費者的文字也因為他們的可愛獲益不少。但是我變老了，有什麼事發生了。

我說這些年來我一直很「瞭解」羅夫和阿弗雷德·默克巴赫，但說「瞭解」並不是很貼切。

當我在那裡時，我們會品嘗葡萄酒，然後我會充滿熱情，他們會咯咯發笑，除非在場有塞爾巴赫家的人（他們表現得好像我的經紀人，並且經常與我一道去拜訪），否則幾乎不會有任何閒聊——有時甚至是他在場也如此。我敢肯定默克巴赫一家人對我的造訪感到高興，但我不知道他們對我的看法——如果我坦言說，他們也不知道我對他們的看法。當然，我很崇拜他們，因為他們值得崇拜，但當我現在想到他們時，我發現自己沉浸在一種神秘之中。他們是誰？

他們的生活是什麼？

他們現在已經快七十歲了，但他們仍然親自做所有工作（在收成時需要一點幫忙），陡峭的斜坡不適合暴發戶。他們的生活簡單，看起來一直很心滿意足，而且我也相信他們很滿足，我**希望**他們很滿足；這是我堅持信念的一部分。他們的生活方式簡樸和一體化到我們他人無法忍受的程度。現在，當我看著他們可愛的面孔時，我聽見了一個內心的聲音，既挑動且刺激挑戰著我。**看看這幾張面孔，然後告訴我你的臂部與足弓的後現代有多少價值**。但不僅如此。**感受一下這種簡單生活的神性**。我想到了禪宗，看起來多麼晦澀而神秘，修道士、閉關、沉默、修道院，所有浮而不實的行為和奇怪的平靜，似乎沒人能解釋。但羅夫和阿弗雷德，毫不費力地就體現了佛教知足常樂的理想，他們一生都待在家中，他們擁有快樂所需的一切，他們很快樂。我不知道他們在吃早餐或在葡萄園裡會互相說些什麼話，也不知道他們如何決定晚上開電視時要看什麼節目，而且我也不知道他們兩人晚上入睡時在想什麼，但我知道他們很快樂。

葡萄酒之所以神秘莫測，正好是因為這些葡萄酒絕非神秘。相反地，它們是如此**不可或缺**，如此令人欣喜地純粹且富有表現力，它們表現出一種絕對，你可能會想稱其為誠實，但「誠實」意味著可以選擇不誠實。任何瞭解摩塞爾麗絲玲的人都同意；默克巴赫的葡萄酒是最初的摩塞爾，去除了所有影響或自我意識的技巧，彷彿是某位親切的古老摩塞爾神祇透過這兩位害羞的男子說話，沒有人會說這些葡萄酒是「偉大的」，但若用安德魯．謝福德（Andrew Jefford）[52]的話來解釋，它們是**無限好**的葡萄酒，這種葡萄酒的存在本身已經夠好了。

當製作人派遣一名記者到默克巴赫家拍攝簡短的「生活風格」作品時，德國第二頻道電視臺並沒有料想到這種情況，阿弗雷德帶著一股優雅羞怯的驕傲問我是否想看影片光碟，我當然想。訪問者當然是從情感及經歷的細節描寫來榨取素材，可憐的傢伙；他們開拍的那天是雨天，她穿著雨衣看起來像被遺棄了。羅夫和阿弗雷德不由得要表現得「生動有趣」，他們沒

52 英國記者、廣播主持人、詩人、雜誌編輯，還是葡萄酒作家，著有各種書籍和專欄。

有表現出因被描述為瀕臨滅絕的最後一個物種而感到困惑。

記者拍到女管家的一些鏡頭，她為默克巴赫家工作了二十五年，但不久就要卸職；她的丈夫病了，需要全職照顧。她是位看起來很嚴峻苛刻的女士，很容易悲嘆的類型。她喜歡為羅夫和阿弗雷德工作嗎？「喜歡，在這裡工作很好。」她說，他們快速剪接兄弟倆在他們小小的餐桌旁吃著她煮的飯的畫面，那是一個天花板鏡頭，使他們看起來很孤獨。如今誰來替他們做飯？也許寂寞的人是我。我坐著背對房間哭了，希望沒人能看見我。

我們離開，走到村子的另一邊趕赴下一場面會，我的老友西格麗・塞爾巴赫與我同行，我還在哭。西格麗德勾著我的手，我對她說，「我一直都沒有變成自己想要成為的那般好，我的生命中有些事令我感到羞愧……（停頓）……有時我會感覺到那些遺憾有多沉重……（停頓）……但我能聊以安慰自己的是在他們生命的這幾年，我為羅夫和阿弗雷德帶來了讚賞和成功……（停頓）……我有時會提醒自己這一點。」西格麗是個完美的好友，她看著我的臉，什麼也沒說。

第八章

那些重要的葡萄酒，或是「狗狗吃了我的分數」

雖然我們談的這個東西永遠無法被找到，但只有不斷探尋的搜尋者才能找到它。

——阿布・亞茲德・阿比斯塔米（Abu Yazid al-Bistami）

當你是葡萄酒新手時，所有事都至關重要。你會寫品酒筆記聚焦自己的味覺，磨練專注力並記住自己品嘗到什麼，你還會閱讀其他人的品酒筆記，感同身受對方品嘗到了什麼（尤其是文章中那些負擔不起的華麗葡萄酒），並試圖瞭解品酒筆記「應該」是怎樣，然後比對自己的品酒筆記是否夠格。

但是，最終你會在品酒筆記這事上陷入僵局，它會成為一種荒謬的形式。大部分的品酒筆記都是聯想（用其他風味描述葡萄酒的味道），這當然是在重複贅述：說一種葡萄酒聞起來像桃子，意思就像說桃子聞起來像桃子，如果讀者從未聞過桃子味，這種描述也沒有任何幫助。

品嘗葡萄酒的方式基本上有兩種。各位不必只選一種，但我們大多數人最終會選擇自己覺得最自然的一種。各位可以「侵略地」品酒，即直接將注意力瞄準葡萄酒，如同利用味覺拍下一些這支酒的快照。這很有成就感，但一旦發展成極端，就會很像是對不佳的酒款屈打成招。

或者，也可以「被動地」或從酒款的周遭品飲；當你不帶著要把這支酒款搞定的心情，就能將視線從香氣與味道移開，然後看見葡萄酒本身要說些什麼。讓酒悄悄地來到身旁。這種方式會使你更接近葡萄酒的整體型態——我甚至可說是**真實**。但是，這種方法要承擔的條件就是很難口頭表述，除非你的品酒筆記採用禪宗公案（koan）的形式撰寫。

另一方面，對於我們大多數人來說，沒有人會閱讀我們的品酒筆記，因此我們可以寫下任何我們想寫的內容。儘管我有說這是葡萄酒網路論壇令人煩惱的現象，人們會在上面與其他寂寞的葡萄酒控分享他們的品酒筆記，我確定這對他們來說很有趣，但我有種難過的感覺，很多人在週末喝酒只**為了**週一能發表品酒筆記，我一直對此感到有點憂鬱。「看看我喝了什麼酒！」拔開軟木塞，突然間所有假想中的目光都投射過來了，而你的生活變成了一種表演。但是各位可以別理我，我只是重視隱私又內向，我與葡萄酒的關係一直很親密。

作為商人，我自己會寫品酒筆記，因為我想幫助我的顧客瞭解要購買什麼，而且因為我似乎已經失去三十幾歲時的全知記憶；當時我可以記住品嘗過的每款葡萄酒，如今十天前的葡萄酒我就必須查閱品酒筆記了。這份工作要求我每年要寫一千到一千五百款品酒筆記，這可能就是為什麼我幾乎從不在家寫品酒筆記的原因。

但有些葡萄酒會蘊藏著故事——不僅是敘述性的，而是一種好奇心，彷彿將觸角伸入太空。其他葡萄酒則激發了想像力，能夠神遊其中，四處遊覽。我非常確定這些心得值得寫下，但是如果你想分享這些筆記，有時可能會與某種人發生衝突，這種人**確實**想知道你的二〇〇四年「痰盂酒莊」（Domaine de la Crachoir）酒款喝起來是不是真的像「啤酒麵糊奇異果炸麵糰、樹莓和豬鼻子」。當休．強森迷人的回憶錄《葡萄酒：開瓶人生》（*A Life Uncorked*）出版時，網路的某個人感到困惑。這本書對這個人沒有用處，因為「他從不說酒喝起來怎樣；他只會說喝酒的感覺」。好吧，好傢伙，這就是整件事的**重點**。我真的寧願閱讀一個人文心靈的溫栩沉思，他在靈魂與杯中葡萄酒之間深思熟慮的微小氛圍，也不願看某個狗屁葡萄酒控能把多少晦澀難解的形容詞串在一起。

我確定你看過此類筆記。**這款充滿激情的葡萄酒有燃燒般黃褐色的光澤，帶有淡淡托斯卡尼雞的氣息，也許甚至是小母雞，一種野味般的羽毛味；其美麗的第一印象是在卡斯提爾**

陽光下的古比魚卵和烤歐洲蕨，以及近海剛擱淺了一艘垃圾駁船後強風拂來的味道。百香果的香氣不完全新鮮，像是被一匹馬咀嚼後的百香果，這股香氣穿過石南花的山谷，你知道的，是某種濕透的馬蹄毛和老狗味。那餘韻，噢，就像是一幅金蓮花的肖像，或者羽毛球浸在榲桲果醬裡，或者像狐狸吃了許多囓齒動物後口鼻上散發出的惡臭，也像巴黎公寓冰箱裡的冰箱冰結塊的味道，或者像是新的涼鞋味，尤其如果穿鞋的那雙腳曾浸入溴化物溶液中——然後再次聞到這味道，全是艙底污水管沖出的腐敗覆根層，配上頭等艙空姐簇新硬挺制服上散發古怪甜甜山楂花香水的一陣惡臭，帶有男人飲酒後的體味，以及藥用似蛋白石帶腐蝕性的免費醋酸鹽製秋海棠香的空氣清新劑味，或像是沖過的正山小種紅茶茶末所散發出的味道，或像……有人可以叫他停止嗎！**再補充一點：我是唯一一個發現這種酒有點毛味的人嗎？**

我讀過的早期葡萄酒書籍之一（不幸絕版）是《爐邊談酒》（*Fireside Book of Wine*），由已故的亞歷克西斯・倍巴洛夫（Alexis Bespaloff）[53]彙編。這些作品中許多都是由老派英國作家撰寫的古老品酒文章（稱之為「筆記」是吝嗇的說法），如莫里斯・希利（Maurice Healy）[54]

53　美國三十年來的主要葡萄酒作家之一，於二〇〇六年四月二十二日在新墨西哥州的家中死於癌症，享年七十一歲。

54　愛爾蘭民族主義政治人物，律師和國會議員。

和偉大的安德烈・西蒙（Andre Simon）[55]等。如果你讀過十九世紀的旅行文學，就會發現表面端莊又乏味的英國人慣於滔滔不絕地寫出放肆的情感和詞藻華麗的散文。身為新手葡萄酒讀者時，我得到一個訊息，那就是強烈的情感是對強烈美感的正常反應，實際上，我允許自己以這種方式做出回應。當然，我也閱讀休・強森和《美食雜誌》（*Gourmet*）上傑拉德・阿什（Gerald Asher）[56]的優雅專欄，塑造我作品的所有作家要不是優秀作家，要不就是流露情感的作家。這年頭剛接觸葡萄酒的人容易被玷污更勝於被啟發；有太多爛文章和膚淺的思想。

我希望閱讀的任何品酒筆記——本人或他人的筆記——都是發自內心的。在大多數情況下，流露情感的圖像比文字描述更有價值，如果憑直覺寫作，可能會導致無條理和自我放縱的風險，我敢肯定我時不時會像那樣，但是值得冒險。

為了博君一笑，我將解構我在工作中為新年份葡萄酒所寫的品酒筆記。我在德國法茲產區的頂級酒莊 Müller-Catoir 品酒，我們嘗到麗絲玲，這些酒如往常一樣燦爛閃耀，我注意到當一款接著一款地品嘗一流葡萄酒時，美會更加鞏固。每種葡萄酒都像小片雪花一樣落下，落

55 法國葡萄酒商人、美食家，也是多產的葡萄酒作家。休・強森形容他為「二十世紀上半葉幾乎所有英國葡萄酒貿易的領導者」。

56 英國人，自一九七四年起居住在加州舊金山，他一開始是一名葡萄酒商人和進口商，如今是一名葡萄酒作家。

入一片白雪之中。我們品嘗了來自Bürgergarten產區的Spätlese等級酒款，然後我寫道：「嗯嗯……因此，這是峰頂的風景（我仍在努力用就事論事的方法描述）……難以想像的精緻，完美的法式鴨清湯中的李子精華，香料香料香料，礦物味在歌唱著『親愛的，我到家了！』」這款酒很棒，但我本質上還在控制中，詼諧巧妙，樂於接受意見。

還有另一支也是Bürgergarten產區的Spätlese等級酒款，一款分開裝瓶的姐妹桶（理由只是珍惜德國葡萄酒，這是不犧牲獨特性的可愛決心）。我以為我們喝完Spätlese等級的酒款了，我寫道：「我不知道會有這支酒，但它怎麼還能超越巔峰？用腳尖站立嗎？現在鹹味來了，震盪著變為甜味，滑入一種味覺的急切華麗（來了，這正是我失去理智的時刻，任憑自己被沖昏頭）……深刻而宏偉，卻不會曖昧難明，而是描繪出最後一個微小細節。」我一遍又一遍地品嘗這支酒，彷彿要打破咒語，但這支酒比我強大，我從那層薄膜消失了。「這酒喝起來如此，與花朵盛開的原因相同——為了讓蜜蜂變得有用，為了讓植物生存並長出新植物，為了讓一些路人停下腳步，嗅探、愉悅，並感到一種奇異的嚮往，並不憂傷，想要撫摸另一片溫暖的皮膚，在這個陌生的寂寞世界中感到異常幸福和孤獨。」

表面上這一段話沒有意義，然而，這段話以我的才華所及而言描述得很精確，透過說出它從哪裡將我帶走，來描述這款酒喝起來的感覺如何。但首先各位必須放棄控制，必須願意冒險讓自己看起來很蠢，而且一旦刻意為之，就永遠不會成功。就用屬於那支葡萄酒的獨特音樂讓自己翩翩起舞吧——我想起我很喜歡的一段話，出自喬治・卡林（George Carlin）[57]：「聽不見音樂的人以為那些跳舞的人都是瘋子。」

我寫下那段筆記的場合是和一位年輕的同事在Catoir酒莊，她不會說任何德語，也跟不上那段瞎扯，而且我討厭停下來翻譯打斷流程，所以她把注意力放在葡萄酒上。在快結束的某一刻她站起來，走到凸面窗邊，望著灰色的三月日光。我知道原因，她回來原地時眼睛呆滯，一副靈魂出竅的表情。後來在車上，我們要前往用晚餐，我說：「沒想到會這麼**揪心**，妳不覺得嗎？」

「是，是！」她說，「我的意思是，你可以承受其中的兩、三支，但是一支接一支，真的會被壓垮。」

對我而言，我們著迷自己對美產生的反應，部分原因是美產生的好奇心，**這種經驗的本質**

57 美國人，獨角喜劇表演者、演員、作家，以及社會批評家。卡林以其特色的黑色幽默，以及他個人在政治、語言、心理學、宗教及諸多禁忌主題的觀點而聞名。

是什麼？讓我試著說出我的經驗。

美麗會擴大感官，這是第一件事。任何美感，無論是語言、風味或聲音，美穿透了我們，因為這般吸收是如此鮮活，我們會突然意識到普通經驗缺乏了這種感覺。如果面前的美是複雜的，那麼我們感覺思緒會急著在它消逝前匆促拼湊，試著全部吸收，讓它產生意義。我常常會在 Müller-Catoir 酒莊經歷這個過程，周圍的談話也總使我無法好好仔細觀看這個過程。他們應該讓我坐在一間安靜的教堂裡，然後每二十分鐘請見習修道士拿來另一瓶酒。

當感官膨脹到能容納這種奇異的驚人之美時，沉默隨之而來。此刻，只有**這個**存在，你將忘記還有能包含**這個**的世界，體內某個沉睡的東西會甦醒。普通的自己將無法滿足於**這個**，這樣的美是我們參與的誓願。

隨著感官的集中、加深和探究，除非你習慣於美或對美冷感，否則情緒也會開始膨脹，首先感受到的是感恩和驚奇，但更有甚者。美是殘酷兇猛的，它不會緩和，它會入侵，甚至**侵犯**你；它會有它的方式，它的方式就是入迷般的狂喜。在欣喜若狂的和弦中有許多音符，其中的音符之一是憤怒。我不知道為什麼，但是它存在。也許是因為我們似乎永遠無法提升到夠高的水準來符合美**自身**的等級，也許是因為我們耗費很多時間強忍憤怒和挫折，所以當最終釋放出純淨的情感時，我們會得到一個草率混亂的整體，而不僅得到愉悅的部分。也許我們無法選擇要吸收什麼——它為自身的一切面向充電。即使它帶來難以招架般的愉悅，但這種效應也古怪地暴力。

在這種情感白熱化的遙遠另一端，我們開始思考創造出這些的人們。突然間，他們的奉獻顯得令人驚奇，產生這種美要承擔什麼？只是坐在那裡接受它的我們，突然變得悶悶不樂。我們不夠感激，不僅是這一刻——而是**永遠**。然而，我們依舊被邀請了。

因此，我們走到窗邊，背對房間，然後哭泣。

在許多情況下，老酒蘊藏著最安靜的美和最深刻的故事，部分原因是它們變得不那麼急躁活躍，也不那麼直率——而是更具洞察力，最好的情況是更崇高。我有一些年輕的同事有時會和我一起歐洲巡迴旅行，我總是極欲看見他們首度喝到非常古老葡萄酒時的反應（有些酒款歲數甚至比他們更大）。如果你從未拜訪過德國的葡萄酒農，你不會知道這些葡萄酒是如何真正熟成，這些酒打從一開始便從未離開過完美酒窖，即使酒款只是普通年份中不起眼的小老百姓，第一口的味道也幾乎令人難以置信。這種葡萄酒有一種**柔情**，而許多目睹我們奇妙反應的酒農此時已消失在酒窖中，正找尋另一瓶或更多瓶老酒。

在面對許多以這種方式陳放熟成的麗絲玲，我們驚訝的不僅是酒保存得多好，甚至也不是酒液竟融合了如此多的面向，或是竟能達到何等複雜程度。不只。首先，是它們依舊**鮮活**的程度，它們既不是遺跡，也不是珍品古玩，甚至不是令人驚奇的物件；它們仍然與我們一起實現其原初的目的，用來佐餐並帶來快樂。再者，還有它們在風味派別間保持和平的方式。法國人稱此過程為**融化**（fondue），將元素融合為一個無縫的整體，我說的柔情便在此出現。

但這也是一種刻意的品質。「二十五年的古老 Kabinett 等級酒款，但喝起來如此**年輕**！」這裡不是終點，而是起點。葡萄酒很快就要走向不知名之處。在那之前它有很多生命，它擁有這世上無窮無盡的時間。這樣的葡萄酒不僅存在於時間之中，它們似乎**體現**了時間，我們眼中的時間似乎是一種永遠很短暫的東西，為了對抗時間的無情限制，我們不斷地煞費苦心又徒勞無功。但是，葡萄酒可以展現另一種形式的時間，更曲折也更寬容的時間。有句老話是這麼說的：「牛走得慢，但大地更有耐性」。酒可以將我們帶到耐心的大地上，儘管我們住在大地上，但我們常常沒有意識到它的存在。我們不但要考慮葡萄酒的陳年問題，還要考慮其陳年的**原因**，因為當中有些什麼要展示給我們看，有故事向我們訴說。

你可能會想，**有些什麼要展示給我們看？到底是什麼？**如果那是你的想法，我將表示同情。我想說得更具體，但是經驗本身太浮動。不過，我可以舉一個例子。今晚我正好喝著一支來自阿爾薩斯 Ribeauvillé 產區 Louis Sipp 酒莊（這酒莊名字取得太好了！）[58]的一九八五年 Kirchberg 特級園麗絲玲，該酒已有近二十五年歷史——幸運的是——這瓶酒的狀態非常好，它具有 Ribeauvillé 產區麗絲玲的某種**嚴謹**特性，這不是享樂主義式的酒款，但它始於接近榲桲和薑的氣味，還隱約有礫石味。一小時左右過後，這支酒會變得有點瘋狂，彷彿施打了一劑某種野生的山間藥草，幾乎像蕁麻酒（Chartreuse），還有像杜松的酸漿果，好像這支葡萄酒正在釋放某種東西，也許是它的身分。兩小時後，我的酒杯裡只剩下一點酒，都是燒葉子和燒窯的味道。但最奇怪的是，這種風味既複合又退避，一方面變得愈來愈複雜，另一方面又愈來愈遙遠，跨越山丘和田野向你吹送的某種感覺令人難以忘懷。也許你品嘗過，然後並未在心中留下什麼，但是我古怪的個性迫使我思考這個咒語。它帶來了多少東西？多常出現？為什麼會來？它想要什麼？我發現自己在樹葉、樹木、風的廣淼太空中泅泳、燃燒。樹葉燃燒，因為冬天快到了，樹木會倒下，然後變得光禿又纖細。當自然不是一場演出表演時，我們會

58 Sip 在英文中是啜飲之意。

看見自然。冬天就像是為死亡排練的服裝，但並非真的死亡。這正如我們小心地向未知探索，然後再度回去過生活。一瓶酒帶給我們的旅程很長，不是嗎？不過其實也一點兒都不長。

向各位介紹一支有故事的酒。從一九七三到一九八三年，我在這段住於歐洲的十年間變得非常專一於葡萄酒，我迅速成為一位葡萄酒遊客，而我立刻造訪的第一個產地是布根地。我當時住在慕尼黑，布根地比波爾多更近，而且布根地更有趣也更好客。

我在那裡認真地到處敲門（儘管毫無頭緒），在伯恩（Beaune）一個街角偶然發現一家主要幹道外的酒莊。我得到了一些讚賞；即便我是初學者，我也知道這些葡萄酒很特別，我買下了一些我買得起的酒。

幾年後我回來，沒有先約好，到達時一整車的比利時人正要離開此地，莊主在整間房裡蹣跚地走來走去，把品酒杯裡剩餘的紅酒倒進一個大塑膠桶裡。「啊，他會把這些剩下的酒用來加滿他的酒桶，」我如此猜想。當所有的玻璃杯都倒空後，我們這位葡萄種植者將桶子放在地上，然後吹出一聲刺耳的口哨聲，隨後他的**狗**快步跑了進來，開始舔食價值數百美元的布根地一級園葡萄酒（不知何以我難以想像在波雅克〔Pauillac〕竟也發生過類似事件……）。這次我有更多錢，我學會將很多預算分配給這家酒莊，所以我大買特買。

最後在二〇〇六年的除夕夜，我喝光這些酒的最後一瓶，我把這支酒和它的同伴從歐洲運回來。

這瓶酒看起來不太理想，至少少了大約三英寸。面對現實吧，我存放得還不夠好，但是這些葡萄酒看起來堅不可摧，早幾個月開的另一瓶此酒莊老酒也很棒，又一次突破極限——最後一瓶！既無法承受放下它，一方面又會奇異地幾乎希望等待它超過適飲的最佳狀態；這種方式詭異地感覺比較不那麼令人心碎。

酒色很好；成熟，當然了，但沒有衰敗，這支酒必須輕輕倒出，讓酒液與大量砂粒質地的沉澱物分離，即使酒瓶垂直放置了四十八小時之後，我盡力做到讓酒瓶底部留有一英吋的沉澱物。這種酒的香味是一種精神力量，如果松露有性高潮，它們可能會散發出這種香氣。大豆、檀香、香菇，你知道的：就是布根地的味道。就像烤過的肥美肉脂撒上丁香一樣，甜美、焦糖化又帶著血水。你知道的：就是布根地的味道！

入口後單寧持久而粗獷，就是老酒的風格。老實說，沒什麼好擔心羞愧的，果香（或其共鳴）提醒了我們常常對愚蠢之事小題大作。我可以嘗試說出它的味道，拘泥於探索其字面意義，但是我寧可說這支酒讓我想要寬恕，它化解了我一直糾結在內心，那懷有怨恨的瑣事，它甚至訴說了明年會更好，明年你會放手，讓善良進駐。

我們切開烤肉，和我的愛人坐下來共進晚餐，葡萄酒聞起來就像一整個國度的甜蜜，就像人們的救贖之恩。謝謝你，Albert Morot 酒莊一九六九年年份的「Beaune Bressandes」。

我深愛葡萄酒展現了各式各樣的美。從老布根地，其喃喃低語的感官深度，一直到我珍愛的麗絲玲及其抒情輕快的美妙聲音。有時我會被問到為什麼要耗費職業生涯來銷售德國葡萄酒，我是否因為葡萄酒被「低估」而看見銷售機會，還是我只是口味怪異？正如各位所見，我對德國麗絲玲有一種特別的喜愛，以及對怪異的施埃博有一種巨大而不適宜的迷戀，飲用這些極度活潑、複雜又精美的葡萄酒，會寵壞一個喝品質粗劣葡萄酒的人——基本上指的等同於所有非德國葡萄酒。

但是對我來說，它已經成為有別於葡萄酒風味**本身**了。我有了一種後設性格，變成一種會朝向喜愛葡萄酒的**物種**。

在德國巡迴旅行的某天晚上，我回到我的飯店，把車熄火，出門登上初春的寒冷，我聽到多年以來從未聽見過的生物發出聲音：三隻夜鶯正在唱著黑暗而怪異的優美歌曲，突然間世界變得沉默，這是時間的肇始。我走進旅館的花園，聽著三隻小鳥歌唱，直到天氣太冷，無法再待在室外。回到室內，我打開了窗戶——牠們仍在彼處，趁著大半夜唱歌——我舒服地蜷伏在棉被下，讓牠們唱歌伴我入眠。

每次當我為德國葡萄酒辯護時，我都會記得那天晚上。我意識到自己是多餘的；**大自然**自會不斷為德國葡萄酒辯護，每一隻雲雀、歌鶇或夜鶯，折斷咬嚼每一顆蘋果，每棵香氣撲鼻、令人心碎神迷的盛開菩提樹，一切都使我們在被這世界強烈嗡鳴聲造訪時駐足停頓。德國麗絲玲是一隻在黑暗中唱歌的小鳥，看似微小的東西可能刺痛你的毛孔，令你一生縈繞不去。

為了完成這個故事，我應該告訴各位赫曼·杜荷夫對我這個夜幻想的生動感想。他的酒莊經常被認定是世上最崇高的麗絲玲酒莊之一，人們喝到他的酒款時會感到一種宗教性的敬虔，但赫曼本人個性腳踏實地，「如果在七月某個炎熱夜晚開窗睡覺，就不會覺得那些鳥有那麼漂亮了，」他指責我，「我很想對那些小混蛋開槍。」老兄，你竟然這麼直接地打破了我的美好時刻！

去年夏天，我太太在我們的陽臺放了一只蜂鳥餵食器，瞧，牠們來了——確切來說有三隻，我將牠們取名為內特、愛麗絲和小皮，內特灰白色而英俊，有著長長的脖子和秀麗的頭部，如果阿列克塞・卡拉馬佐夫（Alyosha Karamazov）[59]是蜂鳥，那他就是內特。愛麗絲較小隻，並且有祖母綠色的尾羽，愛麗絲比內特易受驚嚇，進食時會盤旋在空中，而內特會棲息在那裡，好像沒人能傷害他，最小隻的小皮來來去去，從不久駐，牠似乎有點亢奮。

內特是我的最愛，因為牠在牛飲糖水之際會停留片刻，然後四處張望。蜂鳥每秒鐘會拍打翅膀超過五十次；牠們極度活躍，但是在歇息時，內特看起來就像一隻迷你鴿子，一個快樂的小聖徒，憑藉對這個世界的愉悅和一顆飽呼呼的肚子凝視周遭的世界，我大受感動，在僅有幾英尺遠的距離，看見這隻小小的生命停頓下來，沉靜地冥想。

我最愛德國麗絲玲的部分正是這種能量和美味的平衡，沒有其他酒能出其右。隨著年齡增長，我似乎對小生物挖掘出某種同情心。當我想到摩塞爾麗絲玲，尤其是酒精濃度為七或八%的 Kabunett 或 Spätlese 等級酒款時，我會感覺到這股同情，這股感覺很輕微，甚至讓我覺得它可能並非真正在那裡拍打翅膀，其拍翅速度超越眼睛能吸收的程度且歌唱不停。

我很好奇麗絲玲和鳥類有多常被聯想在一起。三月一個突然溫暖的日子裡，我們抵達 Karlsmühle 酒莊，那是 Trier 地區附近烏沃河（Ruwer）旁的小村莊。坐在室內真是酷刑，因此

59 杜思妥也夫斯基一八八〇年小說《卡拉馬助夫兄弟們》中的虛構人物。

我們露天品酒，這就是品飲烏沃河新年份麗絲玲**應有**的方式，這支酒體現了春天的靈魂。我們每年三月都會品嘗新年份的酒款，這是十七年來第二次在戶外品飲。

蟲子嗡嗡作響，綠色植物正在轉綠，有生命的萬物都充滿了能量地竄動，甚至連莊主彼得．蓋本（Peter Geiben）說下週即將降雪都不能抑止我們的興致。一個多小時後，我們所有人都聽見天空傳來聲音，我們抬頭，卻什麼也沒看見。片刻之後，彼得指向天空說道：「在那裡」。那是兩群遷徙的鶴，飛在幾千英尺高處變得很小，朝著正北飛到牠們在俄羅斯的夏日棲息地。兩群鳥試圖連結在一起，兜圈翻騰，彷彿在空中畫出字母，彼此大叫以建立飛行隊形，牠們的叫聲在空中迴盪，彷彿感到孤獨或恐懼，但是牠們只是在告知對方，**跟上我，跟上我，我感覺到風了……**。

西格麗．塞爾巴赫和我們同行，我提醒她之前我們來這裡的時候天氣溫暖到可以在室外品酒。我們當時在一個安靜的停車場裡擺了一張桌子，目光所及都是陽光，當倒出第一瓶酒時，我向左轉頭，把酒吐到我以為是地面的物體上，但那其實是**狗的頭**。可憐的老山姆，牠像我們一樣躺在那裡享受陽光，**淅瀝嘩拉**，一擊邪惡的高酸度新年份麗絲玲就這樣落在牠無辜的頭上。今年我吐在一個小桶子裡，我不會再傷害到任何一隻狗。

我們把酒倒出來時正好聽見飛鶴的聲音，那支酒是 Nies'chen 葡萄園的 Kabinett 等級酒款。當我向下看玻璃杯時，杯中反射出大地的綠和天空的藍，當我嗅聞這支新鮮的小嬰兒時，孤獨的小鳥相互呼喚，似乎有什麼東西與貫穿過去的事物綁在一起了。

一位名叫艾兒卡・吉爾摩（Elka Gilmore）的出色廚師曾對我說過她想要的風味是很鮮活的，鮮活到如同用手抓住成熟桃子下的樹枝，桃子就像**準備好**投降一般地不費吹灰之力地落下。一支偉大的新年份麗絲玲酒款會如小嬰兒玩躲貓貓時開心地對你咯咯發笑，然而整片天空映照在酒杯上，一整個合唱團的遷徙鳥隻唱著牠們怪異的藍調。

但是，德國麗絲玲超越了抒情的摩塞爾臉龐，還有令人暈眩的誇張法茲臉（或稱「Pface」），以及保守禁慾的萊茵高（Rheingau）臉龐。我曾經在 Hallgarten 小鎮一家名為 Riedel 的小型家族酒莊裡工作，他們用不到七英畝的葡萄園釀製了熱情洋溢的老式葡萄酒。我從他們那裡買酒的時間愈長，發現的故事就愈豐富。

當我們第一次見面時，克麗斯汀・里德爾（Christine Riedel）已經快八十歲了。我一直與她的兒子沃爾夫岡（Wolfgang）打交道，而她一直待在自以為應該待在的背景裡。但她並不是一個意志薄弱的人；這簡直就是舊世界的風俗。沃爾夫岡有天早上誘導她出門，向她保證可以品嘗到古老崇高的佳釀。

葡萄酒讓她沒那麼害羞了。我得知她在很年輕時就喪偶，不只她的丈夫，她四個兄弟中的三位都在戰爭中戰死了，她不僅自己維持一整家（或者說僅剩的家），而且自己經營酒莊。那個時代的萊茵高是一個由幾家擁有貴族名稱的皇家酒莊統治的地區。這些小酒莊幾乎沒有機會，而這個僅靠一介**弱女子**之力運營的小酒莊，生存的希望就更渺茫了。沒人料到克麗斯汀的脾氣如此火爆！她的葡萄酒令人難以置信地一流，甚至讓該地區最受尊崇酒莊的管理者稱她為「萊茵高頂級酒窖主人」。

某次慶祝當年著名 Schloss Vollrads 酒莊莊主馬圖什卡－格里芬克勞伯爵（Count Matuschka-Greiffenclau）生日的品酒會中，克麗斯汀．里德爾似乎拿出了當年尚屬年輕的一九五九年 Beerenauslese 等級酒款，引起了壽星的注意。我相信，我想他是以貴族身分向一位平民說出最真摯的話，他允許自己對弗勞．里德爾（Frau Riedel）評論道，這葡萄酒非凡卓越，如此優質的葡萄酒竟來自一家小小的酒莊。他可能期望得到敬畏的屈膝禮，但克麗斯汀的人生始終建立在這樣的重要時刻。「你知道的，伯爵，」她回答道，「我們的葡萄園距離你的葡萄園不到兩公里，我們接收到的陽光一樣嗎？還是上帝的智慧在你我的葡萄園間拉上了一道簾幕？」

沃爾夫岡從酒窖拿出的老酒裝在深綠色的高酒瓶中，軟木塞刻意鬆開，但仍然原封未動。她把酒靜靜地倒了出來，酒色是驚人的深綠金；無論這是什麼，所有的葉綠素都還在。噢，一陣美妙的香味傳來，令人著迷，那是複雜且散發著莊嚴的香氣，就像樹葉、木薯布丁或蘭花。正當我試圖揣測那可能是什麼味道時，沃爾夫岡按耐不住了。這是一九三七年的「Hallgartener Jungfer Spätlese」（一款非凡的酒），按照當時的規矩進行無水發酵。

「這是我結婚那年的酒。」克麗斯汀說。當她的手擒著酒杯時，我的目光無法從她的臉、她年輕的藍眼睛和她的手移開，那些手知道些什麼事？那雙眼前經歷過什麼樣的生命？也許是整體人類的生命。這支酒威嚴尊貴，帶著幾乎是神學領域的神秘，舌根有著鮮明的鼠尾草香味，以及散發著燻燒樹葉的秋夜氛圍；它擁有力量和神韻，仍然充滿活力！充滿了常春藤和穀物味，訴說了人們在自家打扮正式以享用晚餐的夜晚。當我們都為這高尚的使者敞開心房時，房間變得寂靜無聲。

葡萄酒本身很迷人，到達了任何葡萄酒能到帶來的深刻。但是，能與六十一年前協助這支酒釀造的女人、她的兒子與我的朋友一起喝這支酒的**經驗**，令人激動難言。我感覺好像收到一塊銘刻了每道人類謎題答案的刻板，但它用我沒有讀過的語言寫成，在這樣的時刻很難將葡萄酒視為孤立分離的**存在**。葡萄酒如血液一樣流淌。

最後，沃爾夫岡花了更多時間聊著他的初戀、藝術史和中世紀宗教建築。隨著他的興趣減弱，其酒款也逐漸衰退。他賣掉一些最好的葡萄園，小酒莊的直客群已經老化，不再買酒。我非常喜歡沃爾夫岡，希望他快樂，但我為逐漸消失的世界再度有所失去而哀痛。故事一則接著一則，而火焰一個又一個地熄滅。在這些充滿熱情與尊嚴的生命面前，我的貢獻微不足道。

有時，端出老年份酒款是一種儀式，但並非總是如此，有時很是隨興，就像與幾位有共同興趣的密友共處一樣（當有人對老酒無感，或者當他們喝了卻喝不「懂」時，總會讓我感到驚訝）。有一年，我去拜訪我酒籍資料上的香檳酒農，有一位年輕的同事隨行，當我們到達位於Dizy產區的Gaston Chiquet酒莊，尼可拉斯．喜桂（Nicolas Chiquet）想知道我同事的出生年份。對於我這個年輕朋友來說，出生年份酒款仍然算是稀罕之物，但是尼可拉斯的酒窖裡有很多年份的葡萄酒，所以男孩們便前往地窖找酒了。

我獨自一人坐在起居室裡，覺得極端幸福，而我完全沒預料到。過去兩週多的時間裡，我每天被人圍繞——意氣相投的人，甚至是摯愛的人——突如其來的獨處是我不知道自己需要的一種慰藉。黑鳥用嘈雜的旋律，以我需要的方式陪伴著我。日落之後，牠們唱起歌來彷彿無意識被暮色迷住了一般。此刻，我擁有三項我最愛的事物：孤獨、鳴鳥和香檳。

尼可拉斯帶著一九八一年回來，順道也拿了一九八八和一九八五年份的頂級酒款（即「Special Club」），我們從一九八八年的開始喝，那是十二年前我第一次拜訪該酒莊時的年份。哎呀，我在這些酒真正適飲之前就把自己那幾瓶都喝光了，我真傻——我可能很聰明，但缺乏耐心——我再次想起一九八八年的酒款如何慢慢甜美地熟成。這瓶一九八八年「Special Club」於二〇〇七年倒出。天啊，真是超現實。有著令人難以忘懷的果香和質地，及帶有白堊風土的格調加以平衡，有茴香味和薄荷味且餘韻悠長；不強烈但敏銳又卓越，這是那種你會覺得「**嗯，這葡萄酒大有來頭**」。不是一波撞擊岩石的海浪，而是黑暗田野上空升起的一輪滿月。所以我們喝了這瓶，然後繼續喝一九八五年和一九八一年，放鬆而周到，談天說地，以燦爛的陳年香檳相伴。

用老年份酒款慶祝又一年的友誼和好生意等等，有時雖然一開始完全無害，但一切可能預料之外地變形，然後很難維持人們眼中的我的形象，因為隨之而來的神遊是一種孤獨，而且我羞於在人群間顯得過分情緒化。

我與一位名叫傑弗瑞（Geoffroy）的香檳酒農合作，打從一開始我們就把老酒當成我們的主題，當我正確猜出他倒給我五個年份中的四個年份時，我讓尚－巴蒂斯特．傑弗瑞（Jean-Baptiste Geoffroy）大感驚訝（相信我，連我自己都有嚇到）。「你是某種**專家**嗎？」他問。才不是，這很容易猜，正如我試圖解釋的，因為這些香檳年份的芳香特徵非常接近德國的同一年份，而我對此領域非常瞭解。我們完成公事之後就開始品嘗非常神聖珍貴的酒款，而有一年，尚－巴蒂斯特宣布：「今年，我希望我們品嘗一下紀念我祖父的酒。」

他消失在酒窖，帶回一隻被蟲蛀的老酒瓶，據他說是出自他祖父時代的酒款。軟木塞發出了一聲嘆息，酒倒了出來，是明亮的深稻草色，噢，那是完美的老酒香氣：咖啡味、角豆樹味，幾乎是布根地紅酒，讓人聯想到**使人入迷**這個詞。深刻溫柔古老的友善，因歷史充滿甜美，幾乎無可比擬；因其錯綜複雜而顯得狂暴。

尚－巴蒂斯特的父親走進來並加入我們，他一直在酒窖裡忙，他說，「被我發現了，沒叫我就開始喝了！」他抗議。

這款酒是一九六六年份，依然如此生動，仍然使人想起燒樹葉和冬季松露的味道，多麼厲害的年份！果香漸淡時發出微焦的香調。接著，尚－巴蒂斯特的太太卡琳（Karin）帶著新生寶寶進來，旁邊還帶著另一個女兒，似乎大約是六歲。寶寶環顧四周，發出唧唧咕咕的聲音。老酒，新生命。一**切都如潮水般百感交集**。

這個場景會值多少「分」？許多生命誕生於葡萄酒；我們與三個世代的人坐在一起，向第四代致敬。「我品嘗這樣的葡萄酒，想起祖父的釀酒方法，」尚－巴蒂斯特說，「為什麼要有任何改變呢？」

在老酒當中，我們的生命得以交還給自己，所有不良成分都被消除：沒有爭吵、沒有疾病、沒有痛苦，只有莊嚴的四季嬗變，週而復始。只有愛，一種不帶感情、奇異冷漠的愛，在音符和情感之間聽見的愛。

二十分鐘過去，現在葡萄酒聞起來不似人間：像是扇貝撒了奶油和肉荳蔻、夏威夷豆、香料和楊桃。六歲的孩子品起酒來像個專業人士：嗅聞、晃杯，把空氣吸入了她小小的嘴裡。她喜歡嗎？陌生人圍繞著使她非常害羞，但她設法隱約說出一個小小的答案：「這很好（Il est bon）。」

在乎葡萄酒是**有**理由的，有一個主幹。我與這個家族分享老年份的酒款，每次三代人都會一起出現（最近加入一隻兩週大的兔子，名叫榛果，最小的孩子視線從沒有從兔子身上移開過），我們在一張舊桌子上毫無儀式地品酒，我看著這種特殊形式的美在家庭和文化中孕育，理解到這是值得做的一件事。這樣做的人們能過著美好的生活。

假使你認為與這家人一起在午餐的飯菜香中喝著香檳，會很容易被這一切的浪漫所影響，那你就錯了，我對許多事都很感情用事，但對美卻不會感情用事。美太重要了，不能感情用事。此外，美經常是艱難且冷漠的，除非竭盡全力地使自己與之隔離，否則該咒語可能會在隨時隨地瀰漫，而且是在最乏味的環境中。這是關鍵；與這個咒語連結非常容易，你需要做的就是冷靜下來，環顧四周。要對這個咒語無動於衷必須付出更大的努力——而且付出的生命品質損失也更多。我想大多數人會從理論上同意這一點，但是依舊對一款葡萄酒是否能帶來如此有意義的時刻戒慎恐懼，我們對涉及葡萄酒相關的領域謹慎切實而感到極度驕傲。我認識一個人，他在葡萄酒上的花費是我的十倍左右，而且蔑視本書的每一句話，「退下，然後就別起來了」是他的最高讚譽。他完全擁有這樣認為的權利；唯一的問題是，他拒絕思考其中很大一部分的內容。

但是我很同情，沒有褻瀆的神聖是不值錢的（就像沒有神聖的褻瀆只是骯髒的一樣），而且有很多時候必須說的話只有：「這真他媽的是瓶好酒。」另一晚，我喝了 Müller-Catoir 酒莊二〇〇四年的蜜思嘉，每喝一口，F開頭的字眼就不絕於耳，讀到以下這種品酒筆記會很有趣，「噢，天，他媽的；我的意思是，不只是他媽的，是他媽的！！！」這種品酒筆記我會買單的，不是嗎？在任何情況下，這種筆記對我來說比「融化甘草、柏油和鼬鼠頭皮屑」等等的話更言之有物。

葡萄酒本身就會引導你的回應，安靜沉思的葡萄酒不會驅使各位一步步前往吐在沙發上的褻瀆，除非這是你生活的基本初始。去年春季的某一天，自清晨以來一直風雨如磐，雷電交加，天色一片陰霾。室外馬里蘭州的樹木正在長葉，新鮮的翠綠絕無僅有，令人難以置信。新葉仍然捲曲，數量不太多，從我第十八層樓的陽臺上看，樹看起來就像是祖母綠色的蕾絲窗簾。快到黃昏，暴風雨過去，突然間陽光朝著撤退的黑色天空投來朦朧的光線，雨水北飄，這幾秒鐘，整個天空都是一齣戲，一齣悲劇，英雄未見的奇蹟。

我並非刻意為之，但是我杯中的葡萄酒是冷酷的年輕年份，一九九〇年的麗絲玲，是我在奧地利瓦郝 Nikolaihof 酒莊的朋友們釀的。這支酒是「Weingebirge Smaragd」[60]，酒精濃度為

60 Smaragd 葡萄酒是瓦郝產區最高級別的葡萄酒，「Smaragd」一詞取自一種生活在葡萄園中的祖母綠蜥蜴。Smaragd 也是最適合陳釀的葡萄酒，酒精濃度至少為十二．五%，須陳年六年以上才能飲用，口感豐富，酒體豐滿。

十二・五%，如此蒼白而清澈，我幾乎無法接受這款酒香氣如成熟香脂般的甜味。我真的不知道這種品飲經驗要如何寫成「品酒筆記」，我只知道當我將酒杯放在陽臺上的時候，看著消失的暴風雨，黑暗天空透出的陽光，陽光灑在黑暗新生綠色的濕葉上，黑暗、明亮和閃閃發光同時並存，我知道沒有其他酒可以使這一刻改變。

像這樣的葡萄酒並不希望被這個世界接納，或甚至被你的世界接納，因為它們本來就已存在。它們不徵求你的許可，就像下雨或樹葉一樣。當你喝這種酒時，它們會**接納**你。當我們許多經驗僅限於沉迷或娛樂時，這種被邀請和被接納的感覺反而顯得非常不尋常。

真的有足夠的時間浪費在虛幻上嗎？但我到底算什麼，能夠知道什麼是真實的，什麼是虛妄的？沒有人可以；我沒有權限，我只是報告我的經歷。你可以無視我，但我知道自己知道什麼，毫無疑問。我知道每當我們接受艷俗而非真相時，我們都是使一個生存在我們靈魂內的自我挨餓，這是一個謙虛的靈魂，他甚至不會說自己在挨餓——但在暮年之時，你會看見他在那裡，他有很多話想對你說，然而已經沒有時間認識他了。

即使我接受咒語的程度非比尋常，也很難否認葡萄酒體現連結的怪誕方式，這裡說個故事。

在我四十出頭歲的時候，我決定尋找我的親生父母，我在嬰兒時期就被收養，收養在當時還是一件非常秘密的事情。最終，在一個專門從事這類委託的偵探幫助下，我發現雙親都健在，儘管不再在一起（他們是高中戀人），雙親都身體健康，又願意見我。

我的生母（我打聽到她）帶我去見我的生父。我的生母一直在找我，偵探打來的電話激起她的懷疑，她不相信他的說法。然而我們的聚首是雙方相互期待的團圓。另一方面，我的生父則是意外被找上的。

這個男人和他太太對我尋找他們這件事的反應，表現了人類得體和善良的新深度，但這是另一個故事了。我們的第一次談話是講電話，我急忙向他保證，我是一個成功的成年人，在經濟方面很寬裕——有些人會因為處於危難中才尋找親人——但在那次茫然的首次談話中，我並沒有確切告訴他我靠什麼維生。我們在重新安排的現實中交談，在通話完畢後約十分鐘，他又打電話給我，他說，「我想我還沒有跟你聊完。」

「所以，給我一些對你的概念吧——你的興趣是什麼？」他問。

「嗯，我喜歡山，喜歡健行，會彈吉他，喜歡音樂，從來沒有放棄過成為搖滾明星的夢想，」我說，「你呢？」

「噢，你知道的，我是一名猶太裔的醫生，所以我喜歡打高爾夫球。」他輕聲笑了。「除此之外，我想你能說我自認有些像是個葡萄酒迷。」

「**真的**？」我說，試圖把我掉下來的下巴裝回去。「有沒有你特別喜歡的葡萄酒，有最愛的葡萄酒嗎？」

「嗯，我知道我喜歡的不是最受歡迎的葡萄酒，但我必須承認我對德國酒情有獨鍾……。哈囉？你還在嗎？」

「我跟你說我是做什麼職業維生的吧。」我結結巴巴地說，當我告訴他之後，他說，「等一下，不要掛斷，我馬上回來……」我聽到他的腳步退離開，片刻之後又回來了。「我的酒窖裡有你進的酒！去年聖誕節我兒子送了我一箱。」

這就是我的葡萄酒故事，下次有人跟說你不應該過分嚴肅看待葡萄酒，請記住這個故事。

如果葡萄酒能夠像我所相信的那樣連結生命，那麼它就會連結生命和死亡，尤其是老酒，具有深切的溫柔，可以撫慰黑暗。我經常看到這些老酒與釀酒人的記憶產生連結。你已經聽過了傑弗瑞品酒的故事，我也不會忘記威利・薛佛為紀念我們會面二十五週年而獻給我的一瓶一九五三年份酒款。早上十點鐘，是威利的太太埃絲特（Esther）和我們偕同。酒打開，她倒出一杯酒說，「我們端一杯給你媽吧，威利；她愛喝她丈夫釀造的葡萄酒。」我不知道房子的哪一部分是寡婦的，而且我從沒見過她，但一想到她喝下這支酒真是令人感動。酒杯裡的液體究竟是什麼？

一年，我的「隨行人員」和我到達史蒂芬・賈斯汀（Stefan Justen）的酒莊（同樣位於摩塞爾，但這些葡萄酒農似乎收藏最深遠的老年份葡萄酒），我得知了一個令人沮喪的消息，他的父親終於死於肺氣腫，他與此病搏鬥了很多年。他過世兩星期，但他兒子的舉止卻令人費解（除非與至親好友相處，否則摩塞爾人總是品行端正）。但是當他拿出老酒時，他告訴我們這是對他父親的致敬，和我一起暫停一下，酒倒了出來，舉杯表示哀悼、同情和感激，不僅為了酒本身，也是為了讓我們融入。此刻，酒的口味如何已無關緊要。葡萄酒使生命變得流動而有形，父親去世了，我們向他舉杯，我們彼此認識了很多年，因對葡萄酒的熱愛聚在一起，這是我們最初能聚在一起的原因，如今又使我們再次團聚。

通常我會聞葡萄酒來尋找線索，但這就支酒像是前所未聞，顏色很深，但完全不呈現金色，而是葉綠素飽滿的深綠色，香氣聞起來多汁翠綠，有黃楊木、落葉層的味道，口感華麗到令人困惑，充滿老酒的神秘色彩，但仍然**強烈**且瘋狂地新鮮。酒很不甜——史蒂芬認為每公升大約含三十克甜度（三%）；當年，葡萄酒的發酵過程是到感覺該停就停。他說這是他最後三瓶酒中的一瓶，他本人也是第一次品嘗。我們準備好認識這是什麼了嗎？

一**九四五年**的酒，這是賈斯汀在極悲慘年份釀造的僅三支葡萄酒之一，這些酒是由寡婦、祖父母和孩子們在戰爭災變中沉澱的塵埃裡釀造的，這種酒一直被占領此地的法國人所藏，直到一九四八年他們撤退為止。這也是我喝過第一支一九四五年份的酒，我失去了語言，全然折服。我的同伴們都淚濕了，但這太突如其來，對我來說太虛幻了；在與摯愛的朋友親密交談之夜結束時，我需要這款酒。我們趕不及下一場會面了，酒杯中奇異的綠色汁液跳起舞來，彷彿不朽。

儘管我與我合作的許多酒農都很合得來，但賈斯汀不是其中之一，我們不是會一起盡情大笑的那種關係，但是每年，當我們完成品嘗新年份的葡萄酒時，他都會拿來一些老酒。史蒂芬是那種內向的人；酒是他傳達對我們關係價值的方式。這幾乎令人難以承受地感人，而我無法表露出來。

不過，情感是按照自己的規則運作的，當它想出現時，幾乎沒有人可以削減它。正如我所提到的，西格麗・塞爾巴赫有時會和我一起去摩塞爾酒農那兒巡迴拜訪，她最老的朋友之一是Joh. Jos酒莊的漢斯－里歐・克里斯多福（Hans-Leo Christoffel），我在一九八六年被引薦給於Ürzig的克里斯多福。西格麗和漢斯－里歐在學校時是密友，儘管彼此都與他人結婚——兩對夫妻都非常幸福——他們之間的化學反應很罕見，其出現的形式是逗對方大笑，我敢肯定從某方面來說，我所有品嘗克里斯多福酒款的經驗都伴隨他們不斷的笑聲。

一年的工作完成後，漢斯－里歐打趣地詢問我們這麼興奮飢渴地想要品嘗新年份的酒款，是否「不介意」品嘗好幾年前的酒。我們想我們可以被他說服。

這支葡萄酒帶有奇妙的酒色，從年輕的綠色轉變為成熟的金色，一種既年輕又成熟的羊皮紙色，我認為這酒的年紀在二十五到三十年之間——這種酒色不可能再老了，這完全是天堂般的摩塞爾香氣，置於在酒杯中漸漸產生煙燻味，口感既悠長又不甜，尾韻又帶有淡淡的煙燻味，以其平靜而沉思的方式令人著迷。很難猜測年份，但我說是一九六六年。猜錯了，這瓶酒是一九五九年份的Auslese等級酒款，不是該年份出名的大部頭酒之一，但是同地塊一款精緻的葡萄酒出自現今「三星酒莊」的同一地塊。我從未品嘗過如此年輕又沉思的一九五九年份，正當我納悶著這支酒的美時，我瞥了一眼西格麗，她正和漢斯－里歐一起笑著，就像我十二年前第一次見到這兩位朋友時一模一樣。

是西格麗帶我來這間屋子，現在我們又在這裡喝著一九五九年份的酒——那年她的長子約翰內斯出生。我開始哭，因為我沒資格在場。我這一生插手太多事了，真傻，不是嗎？為了試圖讓自己**配得上**這一刻，再加上因為我非常情緒化，我頗拘謹地禮貌感謝西格麗帶我來這裡，以及感謝帶來這一刻的所有一切，竭盡全力不讓自己哽咽。「噢，現在說這種讚美還太早吧！」她大聲說。那一刻瞬間完全消解了。

我想到我們都熟悉各種日常形式的「精神性」經驗，想起懷舊之情，突然意識到時間已經過去，當我們的舊生活透著玫瑰色的光芒，而即將到來的生活似乎太短暫。我懷疑曾經簽署過離婚文件的任何人，無論寬免，都會有這片刻的超然感：這已經結束，夢想已經結束，希望和計畫已經結束，現在你不再與這位低劣的他人搏鬥了。你記得你愛過這個人，並且多年以來，你好好過活，努力不互相傷害，而現在你只是另一個失敗的人，這就是離婚的感覺。突然間你意識到這一切是多麼艱難，努力成為一個像樣的人，公正、忠實，並與自己災難性的人格共存，我們全都在黑暗中碾磨碰撞，其中充滿了巨大的悲傷，但不知怎地並沒有真的那麼悲傷。我的意思不是說我們應該一直生活在這種狀態中；這種狀態會殺死我們，更別提會使我們周遭的人陷入緊張境地。我的觀點是，這樣的狀態是生命的一部分，葡萄酒可以傳遞這種狀態，而強行將它們排除是完全**沒有意義**的。

如果我與其他與我一樣真實的存在一起生活在同個世界中，那麼我永遠不會全然孤獨。儘管我可以讓你相信我，但我無法讓你感受到這種感覺。這並不奇怪，**缺乏**它才是奇怪，而當我們自己將其推開時，這樣的刻意缺乏才是違反常理。我們都害怕死亡，但這並不比我們之中多數害怕**活著**的人悲慘。

我是否將我的觀點延伸得太遠，將單純的葡萄酒與生死問題連結在一起？我擁抱這樣的想法。我們都並非以同樣的方式創造出來的。而我們必須自然而然地活著。

我在奧地利有個朋友，他是有史以來最可愛的人，他總是腳踏實地，但對我更加神秘的精神錯亂卻採放任自流。葡萄酒迷會展示他超凡的老年份酒款，然後在我沉迷於他們施展的咒語時嘲笑我，然而他每年都會帶來另一支，然後我就陷入我傻呆的入迷狀態中。他側著頭彷彿在說：**你知道的，這不過就是支酒罷了**，而我也對他側著頭彷彿在說：嗯，如果是這樣的話，你為什麼要耗盡畢生之力來釀酒呢？如此，我們陷入充滿深情的死胡同中。

他叫做埃里希·所羅門（Erich Salomon），他是我首度研究奧地利葡萄酒並收集我的酒籍資料時認識的許多新朋友之一，我認識了許多傑出的人物：熱情奔放的路德維・希德勒（Ludwig Hiedler）、和藹睿智的威利・布倫德邁耶（Willi Bründlmayer）、優雅純樸的女王海蒂・施羅克……。但也許沒有人能像埃里希那樣引人注目，他有一種愉快的感染力，彷彿擁有淘氣的基因，隨時準備好被世界逗樂，這個人天性如此真的很令人高興。從某種觀點上說，這完全不同於培養出來的樂觀主義，培養出來的永遠行不通，相反地，在生命中找到這種愉快的根源是荒唐的好運。在埃里希身上，它表現出來的是慷慨大方，對其他釀酒人的協助和融洽、愛管閒事的本能，以及對自然的熱愛。我永遠不會忘記他治療那棵被鏟車尖叉刺傷的樹，他用繃帶包紮樹皮，看著那棵受傷的樹，彷彿樹是一個人類。一年後他驕傲又愉快地向我展示了那棵樹——「看到了嗎？都好了，你幾乎看不見傷口。」

他的葡萄酒當然很迷人，充滿了他的關愛精神。他並不焦慮於銷售的事，每年他都會用他貼心又有趣的方式向我和我的朋友們致意。然後有一年，他說他病了，沒有詳述狀況，就像埃里希一貫的輕描淡寫，這就是他的圓滑。我沒有追問，他如果想說他自己會說。

隔年有消息傳出，埃里希的小弟伯特（Bert）將離開葡萄酒行銷產業，在埃里希的輔佐下接管埃里希的酒莊。埃里希的兩個孩子對成為釀酒人都不感興趣，伯特的到來是完美的解決方案。

一年一年過去，我有時會一起見到他們，有時我會被告知埃里希身體不適，但向我致意。有年他到印度接受阿育吠陀療法，去年當我拜訪酒莊時，我問候埃里希，並得知流行性感冒使他衰弱不堪，他正在恢復中，感冒使他臥床休養了幾週，但他會前來跟我招呼。那是一個溫和的春日，我的團隊坐在椴樹下，這些樹是埃里希幾年前照料後才恢復健康的。和我一起出差的一些人從未見過他，我納悶著他狀態如何。我們開始品酒一個小時左右，我聽見熟悉的聲音，是埃里希，掛著大大的笑容、頂著一顆大光頭，邁著大步走過庭院。「這是我的布魯斯．威利（Bruce Willis）新造型！」他說。他看起來非常健壯，和我們一起坐了十分鐘左右，話說得很少。他幾乎顯得充滿歉意，好像他不想在如此美好的春日妨礙我們工作，我試圖誘導他談談關於印度的事。我可以坐在那裡跟他永遠聊下去，但他離開了，大步走回屋裡。他維持到接近極限了，他必須聚集他的力氣才能來和我們一起坐在這裡。

當時是五月。十二月，我恐懼的消息傳來，癌症已經奪走他的生命，他六十多歲了，但看起來更年輕，像埃里希這樣的人總是顯得年輕。我們聽聞這消息的當晚，我和我太太打開一瓶一九八二年埃里希釀造的麗絲玲，是我們最近才收到的酒。凱倫沒有見過埃里希，但我需要和她一起喝這瓶酒。

這瓶酒很好，軟木塞乾淨沒有污染，呈現健康良好的酒色。老酒會騙人，或者像是會騙人，剛開始時幾乎是腐敗和發黴的味道，聞起來不是酒本身的氣味，而是聞起來像酒窖氣味，它潛伏其中跳動著心臟。在剛開始的瞬間，所有老酒都聞起來都一樣；它們聞起來像「老酒」，這瓶也是。所以我們坐著喝下這無言使者的時間和記憶，並想起釀造它的人。七年前，埃里希從葡萄園的主人那裡續簽了租約，這是帕紹修道院（Abbey of Passau）修道士所擁有的土地，修道院仍然收取十分之一的產量。他告訴過我簽署新租約時的儀式，他想知道三十年後的下一次續約儀式會有誰出席。

第二年春天，我回到酒莊拜訪，我們與伯特和他的家人坐在一起，一邊品嘗一瓶由埃里希和埃里希的祖父於一九四三年釀製的葡萄酒。應我的要求，我們圍坐在餐桌旁手拉著手。這款酒似乎太新鮮了，似乎暗示著永恆。我想起那天晚上與我愛人一起喝的一九八二年份，我記得那支酒是如何靜置在我們的酒杯裡，最初無聲，然後奇蹟般地，它突然自我轉變，發現了它誕生自果香和溫柔，似乎散發出純粹的釋然，終於擺脫酒瓶的制約，也擺脫了黑暗的酒窖，它靜置在我們的酒杯裡，我和我太太驚奇地看著它從死裡復活。

致謝

我希望能單靠自己想到這本書的書名，事實上，想到書名的人是紐約的一家餐廳老闆 Peter Hoffman，他主持了一場葡萄酒晚宴，特色是在菜餚和美酒之間朗誦詩歌。當然，我本來最後還是會自己想到書名的，當然。

Robert "Bobby" Kacher 讓我找到在葡萄酒產業的第一份工作。他憑藉著信念勇敢試用我，我沒有經驗，而且還是個討厭的葡萄酒迷。儘管我和他有時會意見相左，我們的哲學觀點可能也有些矛盾，但他是一個偉大的英雄，他瞭解自己，並忠於自己的真理——他擁有正直。

Howard G. Goldberg 在一九八七年首度「發掘」我，當時我缺乏經驗的酒籍資料在他參加的品酒會表現良好。從那以後，他一直是一個持久慷慨的天使，但並不全然不挑剔。

我們初識時，David Schildknecht 在葡萄酒零售業工作，我們很快就成為戰友，即使我們的利益發生分歧，我們依舊如此。

在職責之外提供鼓勵和支持的眾多人士中，Howard Silverman、Bill Mayer、Tom Schmeisser、Paul Provost 和 Hiram Simon 都脫穎而出。

第一批將我的葡萄酒加入其酒單的侍酒師都是真正的先驅。他們包括 Scott Carney、Andrea Immer、Daniel Johnnes 和 Steve Olsen，上述所有人仍以各種才能待在業內，沒有人因冒險伸出觸手，而遭受明顯的頸部傷害。

Alice Feiring 幫助我找到代理商和發行商，當我詢問她時，我們幾乎不認識，但她以一種感人又近乎不可思議的慷慨幫助了我。

Marnie Old 花了很多時間和精力來完成這個企畫，為此我感謝她。

Betsy Amster 是一位出色的經紀人、評論家和朋友。

Blake Edgar 無比仁慈，他的耐性也因我的手稿產生壓力。

我和傑出人士一起共事，Kevin Pike、Liz DiCesare、Jonathan Schwartz 和 Leif Sundström 遠不止是同事；他們是親人。我與 Michael 及 Harmon Skurnik 的夥伴關係從一開始就是喜悅享受，自進入葡萄酒產業以來——在我罕見的智慧和清醒時刻——這一直都是我史上最好的行動。

如果沒有 Peter Schleimer 睿智的討論和持久的友誼，我永遠無法啟動我的奧地利葡萄酒計畫，更別提萬一少了他，我將變得沒那麼快樂了。

我感謝我所代理的每位釀酒人，我有此殊榮與他們的作品有連結，有此殊榮獲得他們向我展示的信任和友誼。

但是有一個家庭特別值得一提，我想說一個故事。

一九七八年五月，我第一次去德國葡萄酒產區旅行後，回程陷入了狂熱的驚奇狀態，然後我立即著手定位慕尼黑所有高檔葡萄酒零售商的地點，以瞭解我能在家裡附近買到什麼酒。其中一家商店位於鄰近郊區的地下室，我第一次造訪正在隨意逛逛時，聽見店主的聲音，他正以近乎戲劇性的傲慢在告誡一名顧客。我環顧四周，目光對上一個年輕人，顯然是一名員工，我與他交換了一個挑眉的表情。

我走近他問，「他真的對那個傢伙這樣說話嗎？」然後他說，「喔，他只是熱身而已；等等情況會變得愈來愈糟。」然後我們就開始了，這是一段如今邁入第三十二年的友誼的第一句交談。我得知這個年輕人是一位名為 Strub 的葡萄酒農的兒子，酒莊位於一個叫做 Nierstein 的村莊。「下次你來的時候，請順道到我的酒莊吧。」他邀請我。

Walter Strub 當年正處於長達一年的壯遊，然後必須返回酒莊，他父親心臟病發作，母親燙傷了手；家裡需要他。在接下來的四年中，我多次前去拜訪，我們像年輕人一樣，熬夜在廚房桌上用一瓶瓶葡萄酒來拯救世界。當我準備返回美國時，沃爾特開了四小時車到慕尼黑收拾我的酒窖，並把酒運給我。他是第一個讓我品嘗在**添糖**（dosage）調整最後甜度前預裝瓶葡萄酒的人。

幾年後，當我構想出創建德國葡萄酒酒籍資料的想法時，他是我拜訪的第一個人，那時已經有 Margit 了，他不久就與她結婚。從第一天開始，我就經手他們家的葡萄酒，與他和們夫妻一起度過愉快的時光，比我認識的任何人都相處了更多時間。

如果我承認早些時候犯下的駭人罪過，這段長久的友誼可能就不會發生了。當時是七月，我正在德國，拼湊著我第一版的酒籍資料，然後我開始參訪 Nierstein 村，Walter 和 Margit 特收留我住在他們的閣樓客房裡。那是我抵達的第一天，我還處於時差，我們熬夜熬得太晚了，喝的酒又數量多到荒謬。夜裡我一度極為想要上廁所，房子很黑，狹窄的木製樓梯陡峭又吱吱作響，我可以開燈吵醒所有人或試圖跌倒，並冒險發出嚴重而嘈雜的跌倒聲。更糟的是開始下雨了，雨很大，但我因此有了一個駭人聽聞的點子，我可以朝著窗外小解！雨水會把排泄物沖走，沒人會知道。**啊啊啊啊啊！**

第二天早上起來時，我看著窗外，看到自己尿在 Walter 父親的**車頂**上，多年後當我自白這件卑鄙骯髒的事時，Walter 突發一陣大笑，「我父親永遠無法理解那塊綠色的污漬怎會出現在他車頂上！」

漢斯．塞爾巴赫死後，我飛去參加葬禮，停留時間不到三十六小時，我打電話給 Walter，說我會順道過去找他——此村莊距離法蘭克福機場約二十五分鐘路程——喝一壺茶，然後開兩個小時到摩塞爾。「不用，」他說，「我會去接你，我們可以一起開車去摩塞爾，然後載你回 Nierstein 村。」聽見他字句中的友情，我泫然欲泣，他幫我節省開支，不讓我疲勞駕駛，不讓我孤獨前往。這就是朋友會做的事。

終生的友誼總會隨時飛越暴風雨，就像我們這樣，並且可能會再次發生。但是沒有一天我不對斯特布一家滿懷感激——Margit、Walter、Sebastian、Johannes、Juliane，甚至是愛尿尿的小獵犬 Emma（我有什麼資格說人家……）——謝謝這份簡單的奇蹟，謝謝他們成為這麼好的人，我用愛寫成這本書，獻給他們所有人。

酒與酒之間

原書名　Reading Between the Wines
作　　者　泰瑞・泰斯（Terry Theise）
譯　　者　李雅玲
特約編輯　魏嘉儀

總編輯　王秀婷
責任編輯　王秀婷
編輯助理　梁容禎
行銷業務　黃明雪、林佳穎
版　　權　徐昉驊

發行人　凃玉雲
出　　版　積木文化
104台北市民生東路二段141號5樓
電話：(02) 2500-7696　傳真：(02) 2500-1953
官方部落格：http://cubepress.com.tw/
讀者服務信箱：service_cube@hmg.com.tw
發　　行　英屬蓋曼群島商家庭傳媒股份有限公司城邦分公司
台北市民生東路二段141號11樓
讀者服務專線：(02)25007718-9　24小時傳真專線：(02)25001990-1
服務時間：週一至週五上午09:30-12:00、下午13:30-17:00
郵撥：19863813　戶名：書虫股份有限公司
網站：城邦讀書花園　網址：www.cite.com.tw
香港發行所　城邦（香港）出版集團有限公司
香港灣仔駱克道193號東超商業中心1樓
電話：852-25086231　傳真：852-25789337
電子信箱：hkcite@biznetvigator.com
馬新發行所　城邦（馬新）出版集團Cite (M) Sdn Bhd
41, Jalan Radin Anum, Bandar Baru Sri Petaling,
57000 Kuala Lumpur, Malaysia.
電話：603-90578822　傳真：603-90576622
email: cite@cite.com.my

封面設計　楊啟巽工作室
內頁排版　梁容禎
製版印刷　韋懋實業有限公司

【印刷版】
2021年8月5日 初版一刷
售價／NT$ 480 元
ISBN 978-986-459-280-7

【電子版】
2021年8月 初版
ISBN 978-986-459-284-5 (EPUB)

國家圖書館出版品預行編目資料

酒與酒之間/泰瑞.泰斯(Terry Theise)著；李雅玲譯. -- 初版. -- 臺北市：積木文化出版：英屬蓋曼群島商家庭傳媒股份有限公司城邦分公司發行, 2021.08
面；　公分
譯自：Reading between the wines
ISBN 978-986-459-280-7(平裝)

1.葡萄酒 2.製酒

463.814　　110004634